물 100 소금 1의 기적

물 100 소금 1의 기적

초판 1쇄 발행 2025년 7월 15일

지 은 이 문영권
발 행 인 문영권
편   집 Ellen S. Moon
디 자 인 Irene S. Moon
발 행 처 도서출판 쏠트앤피플
출판등록 제2025-000063호
주   소 (03099) 서울특별시 종로구 율곡로23가길 6
전   화 010-9780-3004
홈페이지 www.saltandpeople.co.kr
이 메 일 sdamoon54@gmail.com

값 18,000원
ISBN 979-11-993602-0-4

Copyright ⓒ 문영권, 2025

* 이 책은 저작권법에 따라 보호받는 저작물이므로 무단전재와 무단복제를 금지하며, 이 책의 내용을 전부 또는 일부를 이용하시려면 저자의 서면 동의를 받아야 합니다.

> 도서출판 쏠트앤피플은 독자 여러분의 아이디어와 원고 투고를 기다립니다. 책으로 만들기 원하는 콘텐츠가 있으신 분은 이메일이나 홈페이지를 통해 간단한 기획서와 기획 의도, 연락처 등을 보내주십시오. 쏠트앤피플의 문은 언제나 활짝 열려 있습니다.

물100 소금1의 기적

글쓴이 문영권

[일러두기]

본서는 물과 소금에 대해 깊이 있는 이해를 원하는 일반 독자와 어느 정도 전문성을 가진 독자 중간 정도의 내용을 담으려 하였다.

글이 다소 전문적으로 느껴지는 부분을 만나 이해가 잘 안될 때 초심 독자께서는 전체 흐름을 염두에 두고 편한 마음으로 읽고 지나가시다 보면, 뒤로 갈수록 내용이 더욱 입체적으로 이해될 것이다.

또한, 지나치게 복잡한 인체생리 사진이나 그림이 오히려 핵심 메시지를 흐릴 수 있어 게시하지 않았다. 대신 본서는 중요한 지식의 핵심을 명료하게 전달하는 데 주안점을 두었다.

의학적 전문 지식을 가지신 분들 가운데 현장에서 흔히 사용하는 용어와 조금 다르게 표현된 것을 발견할 수 있을 것이다. 이는 여러 국제어 표기를 한글 표준어와 맞춤법으로 통일한 결과임을 이해하여 주시기 바란다.

물과 소금에 대한 거대한 진실

이 책을 자세히 읽어 보면서 평소에 알고 있던 의학적 지식을 다시 한번 되돌아보게 되었다. 이 책의 저자가 관심을 가지고 깊이 연구한 물과 소금에 대한 거대한 진실과 잘못 알고 있던 사실을 깨우치게 도와준 내용이 상당히 많음을 솔직히 인정하게 되었다.

의과대학을 다닐 때는 한국 사람이 너무 짜게 먹어(소금을 매일 10g 이상 섭취함) 고혈압 환자가 많고 뇌졸중과 같은 합병증도 많이 생긴다고 교육받았다. 그 이후에도 같은 내용을 자신의 식생활에도 적용하여 싱겁게 먹기로 하였고 환자들에게도 그렇게 권하여 왔다.

그러나 최근에 세계적인 대규모 연구에서 소금의 섭취가 아주 많지 않은 한 혈압을 증가시키지 않는다는 사실이 확인되었다. 또한 소금의 주성분인 나트륨과 반대작용을 하는 칼륨의 부족이 오히려 더 혈압상승과 깊은 관계가 있음을 밝혔다.

이 책은 적절히 잘 제조된 소금에서 칼륨과 같은 주요 미네랄과 함께 미량 미네랄을 공급받아 체내 균형을 유지하는 것이 중요함을 밝히고 있다. 특히 큰 관심을 두지 않았던 미량 미네랄 섭취의 중요함을 일깨워준다.

또한 충분한 수분 공급의 중요함을 새삼 강조하며 청결하고 살아있는 생명의 물 섭취가 우리 몸에 절대로 중요하고 모든 질환을 치료하고 예방함에도 긴요함을 기술하고 있다. 우리가 그동안 많이 알아 왔던 사실을 더 충실하게 밝혀준 것이다.

이 책의 저자는 건강에 대한 지극한 관심과 끈기로 탐구하고 터득한 결과를 모든 사람과 함께 공유하고 실천하게 하여 건강한 삶을 살 수 있기를 바라고 있다. 예수님의 선한 마음을 가지고 우리에게 찾아온 저자의 노력에 감사를 표한다.

그동안 어려운 상황에서도 초지를 잃지 않고 이렇게 방대하고 훌륭한 건강의 지침서 완성을 치하(致賀)하며 많은 사람이 이 책을 통하여 건강을 회복하고 유지하여 귀중한 우리의 몸을 잘 보존하게 되기를 진심으로 바라며 강력하게 추천한다.

이종화(전 연세대학교 의과대학 교수)

흔한 것은 귀한 것이다.

대개 흔하면 소중히 여기지 않는다. 그러나 생명은 그 흔한 것에 의존한다. 햇빛, 공기, 물이 그것이다. 조물주는 빈부 구별 없이 이것을 인류에게 값없이 주기 위해 흔하게 하셨다. 그중 '물'에 대한 필자의 관심은 놀라운 혜안(慧眼)이다. 이 시대는 상업적 논리와 왜곡된 지식에 진리가 묻히는 시대이다. 그러나 필자는 매매되지 않은 지식으로 진리를 밝혀준 것에 대하여 찬사를 보낸다.

특히 막연하게 떠도는 지식을 멀리하고 많은 학자가 피땀 흘려 연구하고 기록한 350여 권의 책과 논문을 통해 물과 소금이 인체에서 행하는 수많은 생리를 일반인이 이해하기 쉽게 설명하려는 수고가 돋보인다. 이는 단순히 의과대학 교과서를 참고하는 것을 넘어 화학, 농학, 의학, 생태학, 해양학 등 그 지식의 스펙트럼이 넓고 깊은 것에 놀라움을 느낀다.

거기에 자신의 투병을 통한 체험을 녹여 넣었다. 이는 지식이 화석이 되지 않고 살아 움직이는 지식으로 우리 곁에 와 있다. 이 지식을 나눠준 저자에게 감사드리며 독자에게 일독할 것을 추천한다.

박종기(전 에덴요양병원장)

프롤로그

한국전쟁 끝자락에 태어났다. 태어났어도 살 것 같지 않아 윗목에 밀어놓고 죽을 날을 기다렸다. 그런데 꼬물거리고 살아났단다. 초중고 시절에는 밥 한 끼 먹는 것도 힘에 부쳐 두 시간쯤 쉬어가며 먹어야 간신히 한 끼를 채울 수 있었다. 고등학교 1학년 때, 이리 살면 30살도 살기 어렵겠다고 생각하니 인생이 처량했다.

죽은 막내아들 생각하며 가슴 새카맣게 멍들 어머니 생각에 어떻게든 살아야겠다고 결심했다. 이어 건강한 사람들을 조심스럽게 관찰하였다. 또 하나님께 생명을 빌었다. 그리고 건강을 얻었다.

군 복무 시절 빗맞아 회전하며 날아온 축구공에 중요 부위를 가격당했고 잘 수습했다고 생각했다. 세월이 지난 어느 날 축구공에 맞아 생긴 상처에 남아 있던 작은 결절(結節)에서 암이 발견되었다. 그 후 30년 동안 국내외에서 일곱 번 수술했다. 지금도 약간의 외상을 당하면 수일 만에 큰 덩어리로 자란다.

투병하던 어느 날 고대 그리스의 철학자 탈레스가 말한 '만물은 물에서 왔다'라는 말이 화두(話頭)로 다가왔다. 물에 '뭔가 있다'라고 직감하고, 물을 공부하다 물과 소금이라는 임자를 만났다. 동양철학에서 '물'을 숫자로 나타내면 1이다. 제일, 첫 번째이다. 물에 생명의 원리가 담겨 있음을 희미하게 느꼈다. 10개의 천간(天干) 중에서 물을 상징하는 임(壬)은 숫자로 1이다. 열두 지지

(地支) 가운데 물을 상징하는 자(子)도 또한 1이다. '임자(壬子)'는 1과 1의 만남이다. '임자 만났다'라는 뜻은 제일, 첫 번째를 만난 것이고, 제일 센 상대를 만난 것이다.

이 글은 공부 중 얻은 지식의 편린(片鱗)이다. 그리고 아픔이 '앎'으로 바뀌었다. 그 원인이 단순히 '수분 부족'이었음을 깨닫고 실천하며 얻은 경험이다. 그리고 주변을 둘러보았다. 고통받는 사람, 죽어가는 사람에게 '물' 이야기를 좀 수다스럽게 하기로 결심하였다. 여기 '수다'는 인체에 물을 충분히 제공한다는 의미로 '水多'이다. 이 수다를 나눔으로 질병으로 가득한 디스토피아(Dystopia)를 건강한 유토피아(Utopia)로 바꾸는 일을 돕고 싶다.

'고질병' 위에 점 하나 찍으면 '고칠병'이 되듯이 그 한 점이 물과 소금이 되었으면 좋겠다. 물은 하늘에서 내려오는 것이니 고귀한 것이고, 낮은 데로 흘러가니 겸손한 것이고, 흘러가면서 많은 생명을 살리니 덕을 쌓는 것이고, 다시 수증기로 화해서 하늘로 오르니 영광스럽다고 생각하니 행복해진다. 이 행복한 水多를 세상과 나누고 싶다.

駱山山房에서 글쓴이 드림

목차

추천사 5 | 이종화 전 연세대학교 의과대학 교수
추천사 7 | 박종기 전 에덴요양병원장
프롤로그 8

1장 물이라고 쓰고 생명(生命)이라 생각한다

물의 신비한 능력 16 | 인체에서 물의 역할 20
체수분(體水分)에 관하여 23 | 체수분의 변화와 조절 메커니즘 25
수분 섭취에 성공한 사람 이야기 25
체수분을 잃게 하는 습관들 27 | 체액의 기능과 역할 35
체액의 중요 기능 36 | 체수분 유지를 위한 습관 37
수분 섭취의 일일 권장량 38
탈수와 과수분증의 원인과 증상 38 | 물의 종류와 선택 40
적절한 수분 섭취 방법 41

2장 탈수라고 쓰고 아픔으로 느낀다

느낌으로 감지(感知)하는 탈수 48
피곤한 느낌 48 | 나른한 느낌 49 | 머리가 무겁다는 느낌 50
잠들기 힘들다는 느낌 50 | 눈이 뻑뻑한 느낌 51
입이 마른다는 느낌 52 | 숨쉬기 힘들다는 느낌 52
배고프다는 느낌 53 | 청량음료가 당기는 느낌 54

조급해진다는 느낌 54 | 얼굴이 달아오른다는 느낌 55
불안하고 초조한 느낌 56 | 산만하다는 느낌 56
화나는 느낌 56 | 가렵다는 느낌 58 | 마른다는 느낌 58
피가 마르는 느낌 58 |

증상으로 인식(認識)된 탈수 59
코딱지 59 | 발뒤꿈치 각질 59 | 치매 60 | 탈모 66
천식 67 | 알레르기 70 | 고혈압 72 | 암 82 | 당뇨병 85
변비 87 | 폐색전증 89 |

염증으로 실감하게 된 탈수 90
위염 92 | 역류성 식도염 94 | 십이지장염 97 | 장염 99
비염 102 | 인후염 103 | 기관지염 104 | 폐렴 104
편도선염 104 | 류머티즘 고관절염 105
전신성 홍반성 루푸스 106 | 췌장염 108 | 늑연골염 108
늑막염 109

통증으로 알 수 있는 탈수 110
흉통 112 | 심근경색 112 | 대동맥 박리 113 | 속쓰림 113
근육통 114 | 두통 115 | 편두통 115 | 요통 116 | 관절통 117
생리통 117

3장 소금이라 쓰고 물이라고 읽는다

물과 소금의 중요성 129 | 수분과 소금의 상호작용 메커니즘 132
소금의 체내 역할 135 | 생리식염수와 인류사 140
소금의 종류와 미네랄 함량 146 | 나트륨 적정섭취량 149
소금의 체내 조절 메커니즘 153 | 어떤 소금이 좋은가? 157

4장 소금이라 말하고 미네랄이라고 이해한다

칼슘의 역할과 효능 164 | 미네랄이란 170

잃어버린 미네랄 184 | 흙 먹는 사람 이야기 187

당김의 미학 189 | 미네랄 부족현상 190

인체와 흙의 원소 유사성 191 | 최적의 조합은 아무도 모른다 194

미네랄의 상승효과 196 | 해수와 체액의 유사성 198

바닷물과 인체의 원소는 비슷하다 200

미네랄의 보고 바닷물 201 | 건강에 좋은 소금 203

소금 맛을 결정하는 요인 204 | 해수 농업 206 | 해풍과 수목 208

5장 해양심층수라 쓰고 생명의 보고라 말한다

계절의 신비 217 | 왜 해양 심층수가 중요한가 220

해양 심층수의 특징 222 | 해양 심층수의 형성과 기원 224

해양 심층수의 화학적 구성과 영양소 226

해양 심층수의 생태학적 중요성 228

해양 심층수와 기후 변화 229 | 해양 심층수의 활용 232

미네랄이 가장 많은 소금 234 | 표층수 소금의 문제 237

동해 해양 심층수 241

바닷물이 가진 모든 미네랄을 담은 소금 242

마그네슘의 체내 역할 245 | 마그네슘 부족이 만드는 질병 246

에필로그 252 | 참고문헌 활용법 253 | 참고 문헌 254

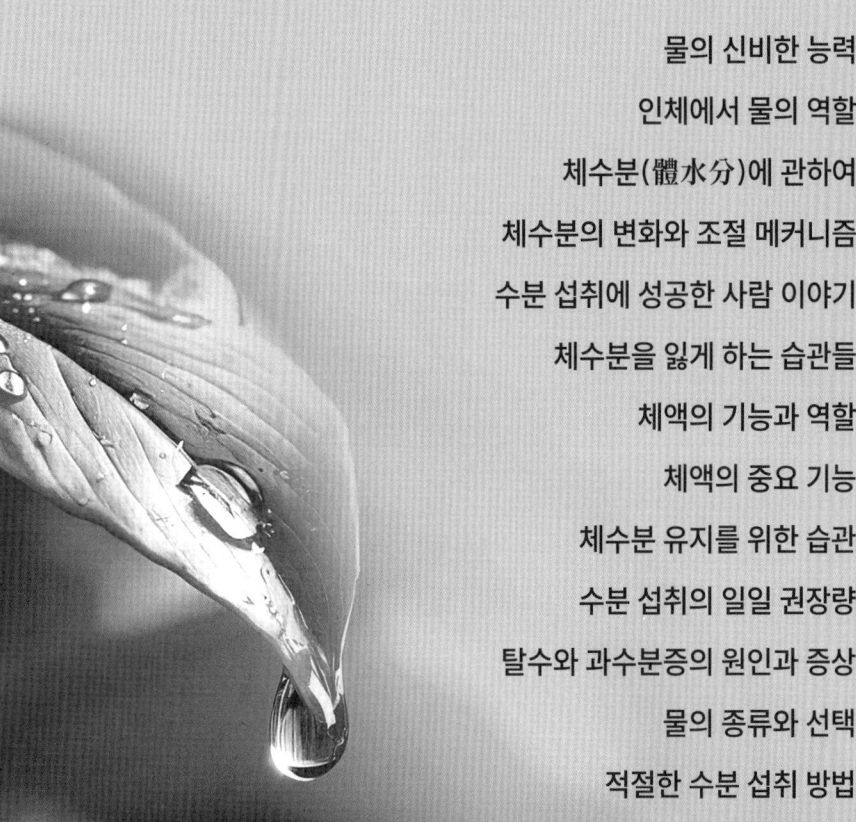

1장
물이라고 쓰고
생명(生命)이라 생각한다

물의 신비한 능력

인체에서 물의 역할

체수분(體水分)에 관하여

체수분의 변화와 조절 메커니즘

수분 섭취에 성공한 사람 이야기

체수분을 잃게 하는 습관들

체액의 기능과 역할

체액의 중요 기능

체수분 유지를 위한 습관

수분 섭취의 일일 권장량

탈수와 과수분증의 원인과 증상

물의 종류와 선택

적절한 수분 섭취 방법

사막(沙漠)이 아름다운 것은
어딘가에 우물이 숨겨져 있기 때문이다.
그곳에 가면 맑은 영혼(靈魂), 별처럼
맑은 나를 만날 수 있다.

사막은 지구상에서 가장 더운 곳이다. 그중 칠레의 아타카마 사막(Atacama Desert)은 지구에서 가장 건조한 곳으로 미국 캘리포니아의 데스 벨리(Death Valley)보다 50배 이상 건조하다. 이곳은 적어도 500년 이상 비가 내리지 않았다. 그러던 2015년 3월 슈퍼 엘니뇨 현상으로 12시간 동안 폭우가 쏟아졌다. 무려 7년 동안 내릴 비가 한꺼번에 쏟아진 것이다. 그 후 놀랍고 엄청난 일이 일어났다. 아타카마 사막은 즉시 생명이 싹트기 시작했다. 푸른 풀이 돋아나고 각색의 꽃으로 물들었고 새와 곤충이 모여들었다.

그러나 이후 아타카마 사막에 다시 비가 내리지 않자 세계에서 가장 황량한 곳으로 되돌아갔다. 건조(乾燥)는 생명을 앗아간다. 오늘날 이런 메마름이 우리 체내에서 일상적으로, 보편적으로, 습관적으로 일어난다. 그 결과 삶은 거칠고 삭막해진다. 삶을 박제로 만드는 탈수도 그 이유 중 하나이다. 이런 습관을 극복하고 인체에 수분을 충분히 공급하면 역동적이고 생명력 넘치는 삶으로 바뀐다.

물의 신비한 능력

물은 우리 일상에서 흔히 접할 수 있지만, 그 성질은 매우 신비롭고 복잡하다. 물의 독특한 특성에 관해 깊이 탐구하면 그 놀라운 성질들이 우리의 삶에 얼마나 중요한 역할을 하는지 알 수 있다.

물은 얼음, 물, 수증기 즉 고체, 액체, 기체 상태로 존재할 수 있는 유일한 물질이다. 더욱 놀라운 점은 삼중점(triple point)이라는 상태에서 세 가지 상태가 동시에 존재할 수 있다. 삼중점은 물의 온도가 0.01°C이고 압력이 611.657 파스칼(pascal)일 때 발생한다. 이 상태에서는 얼음, 물, 수증기가 동시에 존재하고 서로 변환된다.

물은 비열이 높은 물질 중 하나이다. 비열이 높다는 것은 물이 온도를 변화시키기 위해 많은 에너지가 필요하다는 것을 의미한다. 이 성질 덕분에 물은 지구의 기후를 안정시키는 중요한 역할을 한다. 바다가 태양으로부터 받은 열을 저장하고, 이 열을 천천히 방출함으로써 기온 변화를 완화하고 안정된 환경을 유지한다.

대부분의 물질은 고체 상태에서 밀도가 높아지지만, 물은 예외이다. 얼음은 액체 상태의 물보다 밀도가 낮아 물에 뜬다. 이는 물 분자가 고체 상태에서 육각형 구조를 형성하면서 분자 사이에 공간을 많이 두기 때문이다. 이러한 특성 덕분에 얼음은 호수나 바다의 표면에 떠 있게 되고, 수중 생태계가 겨울에도 보호받을 수 있다.

물은 표면장력이 매우 높은 물질이다. 이는 물 분자 간의 강한 수소 결합 때문이다. 물의 표면 장력 덕분에 작은 곤충들이 물 위를 걸을 수 있고, 물방울이 구형을 유지할 수 있다. 이 특성은 또한 식물이 뿌리에서 잎까지 물을 이동시키는 데 중요한 역할을 한다. 모세관 현상(capillary action)은 식물의 생존에 필수적이다.

물은 "만능 용매"로 불리며, 이는 물이 다양한 물질을 용해할 수 있는 뛰어난 능력을 갖추고 있기 때문이다. 이 용해력 덕분에 물은 생명체의 체내에서 영양소, 산소, 노폐물 등을 운반하는 데 중요한 역할을 한다. 인체의 혈액도 대부분 물로 구성되어 있으며, 이에 따라 다양한 화합물이 혈액을 통해 세포로 전달될 수 있다.

물은 투명하여 빛이 통과할 수 있다. 이 특성은 해양 생태계에 중요한 역할을 한다. 투명한 물 덕분에 햇빛이 수심 깊은 곳까지 도달하여 해조류와 플랑크톤이 광합성을 할 수 있다. 이는 해양 생태계의 기본적인 에너지원이 되며, 전체 생태계의 건강을 유지한다.

물의 끓는점과 어는점은 지구상의 생명체가 생존할 수 있는 환경을 만드는 중요한 역할을 한다. 물은 100°C에서 끓고, 0°C에서 얼어붙는다. 이 범위 내에서 물은 액체 상태로 존재하여 생명체가 필요한 화학반응이 일어날 수 있는 환경을 제공한다.

물은 천연 정화 시스템이 있다. 자연에서는 물이 자체적으로 정화되는 과정이 일어난다. 강이나 호수의 물이 흐르면서 침전, 미생물 활동, 식물의 흡수 등을 통해 정화된다. 이는 자연 생태계의 복원력과도 관련이 있다. 강물은 흐르면서 침전물을 바닥에 가라앉히고, 미생물이 유기물질을 분해하여 물을 정화한다. 또한 식물은 물속의 영양소를 흡수하여 성장하며, 이 과정에서 물이 깨끗해진다.

인간이 생존하기 위해서는 5대 영양소가 필요하다. 그중 탄수화물, 지방, 단백질은 주로 식물의 광합성과 다른 대사 경로를 통해 이루어진다. 광합성(photosynthesis)은 식물이 햇빛을 사용하여 이산화탄소와 물을 포도당과 산소로 전환하는 과정이다. 이 과정은 엽록체에서 일어나며, 빛 반응(light reactions)과 캘빈 사이클(Calvin cycle) 두 단계로 나뉜다.

빛 반응은 엽록소 안의 틸라코이드막(thylakoid membrane)에서 일어난다. 엽록체는 이중막 구조로 되어 있으며, 내부에는 틸라코이드라고 불리는 납작한 주머니 구조들이 있다. 이 틸라코이드들이 쌓여서 그라나(grana)를 형성한다. 햇빛이 엽록소에 의해 흡수되고, 흡수된 빛 에너지는 물 분자를 분해하여 산소, 전자, 양성자를 생성한다. 전자는 전자전달사슬을 따라 이동하면서 ATP와 NADPH를 만들고 생성된 산소는 식물의 기공을 통해 방출된다.

캘빈 사이클은 엽록체의 내부 공간 중 틸라코이드 막을 둘러싸고 있는 액체 부분인 스트로마(stroma)에서 일어난다. 이 스트로마는 엽록체에서 여러 가지 중요한 생화학적 과정이 일어나는 장소로, 특히 캘빈 사이클과 같은 탄소 고정 반응이 일어난다. 이산화탄소가 루비스코(Rubisco) 효소에 의해 고정되어 3-포스포글리세르산으로 전환된다. 3-포스포글리세르산은 ATP와 NADPH를 사용하여 포도당으로 전환된다.

포도당은 다양한 대사 경로를 통해 탄수화물로 전환된다. 포도당은 단당류로 녹말, 셀룰로스 같은 다당류로 합성될 수 있다. 녹말은 포도당 단위들이 α-1,4-글리코사이드 결합으로 연결되어 녹말이 형성되고, 셀룰로스는 포도당 단위들이 β-1,4-글리코사이드 결합으로 연결되어 셀룰로스가 형성된다.

지방은 탄수화물에서 유래한다. 지방산과 글리세롤은 탄수화물의 대사 산물에서 유래하고, 아세틸-CoA는 말론산을 통해 지방산으로 전환된다. 지방산이 글리세롤과 결합하여 중성 지방(neutral fat)을 만든다. 트라이글리세라이드(triglyceride)는 글리세롤 한 분자에 세 개의 지방산이 에스터 결합을 통해 연결된 구조로 되어 있다. 중성 지방은 주로 에너지를 저장하는 형태로 존재하며, 동물과 식물 모두에서 중요한 에너지 저장 물질이다.

단백질은 아미노산으로 구성되어 있으며, 식물은 질소를 이용해 아미노산을 합성한다. 뿌리혹박테리아 등과 공생을 통해 식물은 대기 중의 질소를 암모니아로 전환하고, 암모니아는 글루탐산 등의 아미노산으로 전환된다. 다양한 아미노산이 리보솜에서 펩타이드 결합을 통해 단백질로 합성된다.

햇빛, 이산화탄소, 물에 의한 광합성을 통해 포도당을 만들고, 포도당을 다당류로 전환하여 탄수화물을 만든다. 이 탄수화물을 기반으로 아세틸-CoA에서 지방산과 글리세롤로 지방을 형성한다. 단백질은 질소를 이용해 아미노산을 만들고 이를 단백질로 전환한다. 이 모든 과정은 효소와 대사 경로에 의해 정밀하게 조절되어 식물이 성장하고 에너지를 저장하며 생존하는 데 필요한 모든 생체분자를 생성할 수 있게 한다.

물의 이와 같은 신비한 성질들은 단순한 화학적 특성을 넘어서 우리의 일상생활과 지구 생태계에 깊이 연관되어 있다. 물의 이러한 놀라운 특성들을 이해하는 것은 자연과학뿐만 아니라, 생명과학, 환경과학 등 다양한 분야에서 매우 중요하다.

인체에서 물의 역할

인체는 약 60조의 세포로 이루어져 있다. 혈액과 신장 조직은 약 83%의 수분을 함유하고 있다. 심장과 폐는 79%, 근육과 뇌는 75~79%, 비장은 76%, 피부는 64~72%, 간 조직은 68%, 뼈도 31%의 수분을 함유하고 있다. 그리고 물은 이 수많은 세포 속에서 다양한 생화학 반응을 만들어내고, 이 세포 안을 촉촉하게 채우고 있는 것도 바로 물이다. 물은 세포 안에서 다양한 방식으로 존재하며 팔색조의 역할을 해낸다. 물은 세포질 대부분을 채우고 있으며 세포의 부피를 유지하고 형태를 안정화하는 역할을 한다.

또한 물은 미토콘드리아, 소포체 등 세포 소기관들 내부에 존재하며 이들이 정상적으로 기능할 수 있도록 돕고 영양소와 산소와 노폐물을 운반한다. 이는 물의 용매로서의 성질 덕분에 가능하며, 이를 통해 세포 내에 필요한 물질이 적재적소에 전달된다. 마치 궁벽한 오지 첩첩산중까지 물산을 나르던 보부상 같은 역할을 물이 하고 있다. 물은 세포막을 통과하여 세포 내외의 물질 교환을 돕는다. 이는 삼투압 조절과도 관련이 있으며, 세포의 안정적인 환경 유지를 가능하게 한다.

물은 이처럼 인체라는 거대하고 정밀한 조직체를 일사불란하게 움직이게 하는 모든 생리 화학적 활동을 착오 없이 실행하게 한다. 흔한 것은 귀하다. 물도 흔하지만 생명과 일직선적으로 연결되어 있다. 인체에 일정 수준의 물을 유지하고 채우는 일은 생명 유지를 위해 아주 중요하다. 물이 인체에서 하는 일을 요약하면 다음과 같다.

첫째, 세포 내외의 수분 균형을 유지하게 한다. 인체의 모든 세포는 물로 둘러싸여 있으며, 세포 내부와 외부의 수분 균형을 유지하는 것이 중요하다. 세포 내액과 세포 외액의 균형은 생리적 기능 수행에 필수적이다. 이 균형이 깨지면 세포 기능이 저하되고, 건강이 나빠진다. 세포 내액(intracellular fluid)은 세포 내부에 존재하는 액체로 전체 체수분의 약 2/3를 차지한다. 나머지 체수분의 1/3을 차지하는 세포 외액(extracellular fluid)은 세포 외부에 존재하는 액체로 혈장과 세포 간질액으로 구성된다.

둘째, 영양소와 산소와 노폐물을 운반한다. 혈액의 주성분인 물은 영양소와 산소를 신체의 모든 세포로 운반하는 역할을 한다. 소화 과정에서 흡수된 영양소는 혈액을 통해 세포로 전달되며, 폐에서 흡수된 산소도 같은 경로로 전달된다. 이 과정은 세포가 에너지를 만들어 내고 생명을 유지하는 데 필수적이다.

셋째, 체온을 조절한다. 체온 조절은 인체의 유지에 매우 중요하다. 물은 땀과 증발을 통해 체온을 조절하는 역할을 한다. 운동이나 더운 날씨와 같은 상황에서 땀을 통해 체온을 낮추며, 물의 높은 열용량은 일정 체온 유지에 도움을 준다.

넷째, 노폐물을 배출한다. 신장은 물을 이용해 혈액 속의 노폐물을 걸러내고 소변으로 배출한다. 충분한 수분 섭취는 신장이 효과적으로 독소를 제거하는 데 필수적이다. 이는 신체의 해독 시스템이 원활하게 작동하도록 돕는다.

다섯째, 소화와 흡수를 돕는다. 물은 소화 과정에서 중요한 역할을 한다. 음식물이 위에서 소화액과 섞여 분해되고, 소장에서 영양소가 흡수될 때 물이 필요하다. 또한, 물은 소화액의 주요 성분으로 작용하여 음식물이 제대로 소화되고 흡수될 수 있도록 돕는다. 1)-6)

체수분(體水分)에 관하여

인체를 이해하려면 물에 대한 이해로부터 시작해야 한다. 체수분은 체내 모든 수분의 총칭으로 체중의 약 60%를 차지한다. 체수분은 인체의 생리적 기능 유지에 중요한 역할을 하며, 체액 균형을 통해 항상성을 유지한다. 이 체수분은 나이가 어릴수록 많고 나이가 들수록 줄어든다. 또한 지방 조직이 많은 여성이 지방 조직이 적은 남성보다 체수분이 적다. 여성의 체수분은 52~55%이며, 남성의 체수분은 약 60%이다. 이는 여성이 태생적으로 남성보다 탈수에 더 취약하다는 것을 의미한다.

우리 몸의 혈액량은 남성은 체중의 약 8%, 여성은 약 7%를 차지한다. 65kg인 남성은 약 5.2리터, 50kg인 여성은 약 3.5리터의 혈액을 가지고 있으며, 이 중 약 10%는 여분의 혈액으로 비장, 간 등에 저장되어 만일의 사태에 대비한다.

인체는 체수분의 2%를 잃으면 갈증을 느끼고, 4%를 손실하면 근육에 피로를 느낀다. 체수분의 12%가 줄어들면 무기력 상태에

빠지고, 20%를 소실하면 의식을 잃고 사망에 이를 수 있다. 탈레스 (Thales)는 인류 최초로 물을 만물의 근원이라고 주장했던 철학자이다. 그는 운동 경기 관람 중에 탈수로 사망한 것으로 알려져 있다. 이는 아는 것보다 느끼는 것이 중요하고, 느끼는 것보다 실행이 더 중요함을 상기시켜 준다.

물은 무엇인가? 한마디로 물은 생명 유지를 위한 필수요소이다. 늙음도 죽음도 물과 관련이 깊다. 노화는 나이에 따르지 않고 체수분을 잃는 정도에 따라 결정된다. 질병도 마찬가지이다. 체내 수분을 많이 잃으면 그 종류와 발생 빈도, 정도가 심해진다.

체수분은 크게 세포 내액과 세포 외액으로 나뉜다. 세포 내액은 세포 내부에 존재하는 액체로, 전체 체수분의 약 2/3를 차지한다. 세포 내액은 세포의 대사 과정과 기능 지원에 필수적이다. 주요 전해질로는 칼륨(K^+), 마그네슘(Mg^{2+}), 인산염(PO_4^{3-}) 등이 있다.

세포 외액은 세포 외부에 존재하는 액체로, 전체 체수분의 약 1/3을 차지한다. 세포 외액은 다시 혈장(plasma)과 세포 간질액(interstitial fluid)으로 나뉜다. 혈장은 혈액의 액체 성분으로, 영양소와 산소 운반, 노폐물 제거에 중요한 역할을 한다. 세포 간질액은 세포 사이를 채우고 있는 액체로, 조직 세포에 영양소와 산소를 공급하고 노폐물을 제거한다. 주요 전해질로는 나트륨(Na^+), 염화물(Cl^-), 중탄산염(HCO_3^-) 등이 있다.

체수분의 변화와 조절 메커니즘

체수분의 변화는 다양한 요인에 의해 변할 수 있다. 주요 요인으로는 음식과 음료를 통해 섭취하는 수분의 양, 소변, 땀, 호흡, 대변 등을 통해 배출되는 수분의 양, 더운 날씨나 운동으로 인한 발한 증가, 질병, 감염, 열 등으로 인한 수분 손실 증가 등이다.

조절 메커니즘 곧 체수분 균형은 신경계와 내분비계의 조율을 받는다. 주요 조절 메커니즘은 다음과 같다. 첫째, 항이뇨호르몬(antidiuretic hormone, ADH)이 신장에서 물의 재흡수를 증가시켜 소변량을 줄이고, 체수분을 유지한다. 둘째, 레닌-안지오텐신-알도스테론 시스템(RAAS)은 혈압과 체액량을 조절하여 체수분 균형을 유지한다. 이 시스템은 신장에서 레닌이 분비되면서 시작되며, 안지오텐신 2가 혈관을 수축시키고, 알도스테론이 나트륨과 물의 재흡수를 증가시켜 체내 수분을 보존한다. 셋째, 갈증을 통해 물 섭취를 촉진하여 체수분을 보충한다. 이는 체내 수분 부족 시 시상하부의 갈증 중추가 자극되어 발생한다. 체수분의 조절은 인체의 항상성 유지에 매우 중요하다. 적절한 수분 섭취와 배출의 균형이 맞춰져야만 체내 환경이 안정적으로 유지될 수 있다. 7)-12)

수분 섭취에 성공한 사람 이야기

체수분 회복으로 만성적인 불편을 극복한 70대 친구 아내의 감동적인 이야기가 있다. 평생 만성 탈수로 고통받던 그녀가 체수분을 올리면서 새로운 인생이 시작되었다. 그녀는 하지정맥 시술 이외의 일로 입원한 일은 없었다. 하지만 늘 피곤을 달고 살았다. 많은 경우 대화 중에도 눈을 감고 있을 정도로 피곤은 일상이었다. 다양한 증상이 탈수에 의한 것일 수 있음을 듣고 개선 방법을 실천하자 체수분이 채워졌고 모든 증상이 사라졌다. 이에 많은 불편의 원인이 탈수라는 사실에 놀라고 말았다.

그녀가 가지고 있던 증상들을 열거하면 놀랍다. 그리고 어떻게 이 많은 증상을 견디며 살 수 있었을까? 의문이 들었다. 그녀가 말한 증상은 이러하다. 안구 건조로 눈이 마르고, 눈과 코가 가려워 안구까지 비비고 긁는 일이 잦았다. 입안이 말라 수시로 물을 마셨다. 또한 입술 주변에 물집이 자주 생기고, 입 냄새와 구내염, 특별히 백태가 일상적이었고 아무리 혓바닥을 긁어내도 백태가 없어지지 않았다. 손톱이 변형되고, 탈모로 가늘어지는 등 외적인 변화도 극심했다. 자주 생기는 다래끼와 눈곱, 하지정맥도 불편 사항 중 하나였다.

그녀는 질 건조와 얼굴 피부의 잔주름으로 인해 자신감을 잃어갔다. 젊어서 임신 중일 때는 심한 입덧으로 고생이 이만저만이 아니었고 남편의 수고도 상당했다. 또한 차멀미는 젊어서부터 최근까지 변함없는 고통 중 하나였다. 그러니 여행이나 자유로운 활동이 어려웠다. 입맛은 쓰고 위장은 늘 더부룩하고 식욕이 없어서 영양 결핍으로 병든 닭같이 힘없는 것이 일상이었다. 거기에 불면과 우울증이 그녀의 삶을 더욱 어둡게 만들었다.

그러나 체수분을 늘리기 시작하면서 그녀의 삶은 극적으로 달라졌다. 물을 충분히 섭취하고, 수분이 풍부한 음식을 섭취하며 체내 수분을 적극적으로 보충한 결과, 그녀는 안구 건조증과 알레르기 증상에서 해방되었다. 구강 건조와 구취가 사라지고, 어느 순간 그렇게 속을 썩이던 백태도 거짓말처럼 사라졌다. 입술 주변을 맴돌던 수포 역시 더 이상 나타나지 않았다. 손톱이 건강해지고, 하지정맥 증상으로 시퍼렇게 나타나던 혈관이 차차 줄었다. 탈모가 멈추면서 머리카락이 늘고 굵어져 머리 손질이 쉬워지고 외모도 개선되었다. 멀미도 사라지니 여행이 자유로워져 노년을 활력 있게 살게 되었다. 이런 극적인 변화는 지금도 믿기 어렵다는 것이 가족의 고백이다. 이상의 20여 가지 증상이 모두 탈수에 의한 것이고 그 모두가 개선되었다는 것이 신기할 뿐이다.

가장 놀라운 변화는 그녀의 심리적 상태였다. 체수분을 충분히 보충한 후 불면과 우울증이 사라졌고 생애 최고의 컨디션을 갖게 되었다. 이 모든 변화는 체수분을 채운 결과였다. 결국 몸에 수분을 채우는 습관이 얼마나 중요한가를 전하는 강력한 메시지이다.

체수분을 잃게 하는 습관들

알코올 섭취는 이뇨 작용을 촉진하여 체내 수분을 감소시킨다. 이는 알코올이 항이뇨호르몬(ADH)의 분비를 억제하기 때문이다. 결과적으로 신장에서 물의 재흡수가 감소하고 소변 배출이 증가하여 탈수를 유발할 수 있다.

알코올은 참으로 묘한 액체다. 연료, 소독제, 방부제도 되고 기름때를 벗겨낼 수 있다. 또 술은 현실과 망각 사이에서 괴로운 일을 잊게 하는 묘약 같은 존재이다. 이는 특이한 생리현상 때문이다. 뇌에는 이물질 침입을 막아주는 혈뇌장벽 (blood-brain barrier, BBB)이 있으나 알코올은 이것을 손쉽게 통과해서 뇌로 들어간다. 뇌에 들어간 알코올은 쾌락 중추로 불리는 뇌 보상회로를 자극해 즐거움을 느끼게 하는 신경전달물질 도파민(dopamine)을 만들어 분비한다. 그래서 술을 마시면 스트레스가 풀리고 기분이 좋아지는 느낌이 들게 된다.

이런 술도 역기능이 있다. 기분이 안 좋거나 스트레스를 받을 때마다 술을 마시는 행위가 반복되면 뇌는 점점 술 마시는 행위를 도파민 분비 상황으로 착각하게 되고 스트레스를 받을 때마다 술을 간절히 찾게 된다. 이처럼 뇌가 알코올에 길드는 것이 알코올 중독이다. 음주로 몸 안으로 들어온 알코올은 위와 소장에서 흡수된 뒤 혈액을 타고 간에 도착해 해독 및 배설 과정을 거치게 된다. 그러나 과음으로 처리 용량을 초과한 알코올은 온몸의 핏줄을 타고 돌면서 뇌나 심장 등 여러 장기를 공격한다.

뇌에는 이물질의 침입을 막는 방어체계가 있지만 지용성 물질을 녹이는 알코올 앞에선 무용지물이 된다. 뇌신경 세포막을 감싸는 절연체는 다른 세포막과 달리 75% 정도가 알코올에 잘 녹는 기름 성분인데, 알코올은 뇌세포를 직접 파괴하지 않고 뇌의 신경 세포막을 서서히 녹이면서 신경세포 사이의 신호전달 과정을 교란한다. 이에 따라 신경세포 사이의 정보교환이 제대로 안 된다. 특히 대뇌 옆부분 측두엽의 기억회로가 알코올로 인해 장애가 발생할 때 이른바 필름이 끊기는 일이 생긴다.

음주로 많은 수분을 잃는다. 특히 칼륨(K)이 많은 맥주는 강력한 이뇨 작용이 일어나 마신 양보다 더 많은 수분이 소변으로 나간다. 특히 알코올의 분해 과정에서 발생한 독소를 중화하고 배설하기 위해 신체에 있는 다량의 수분이 사용된다. 맥주는 알코올 도수가 낮아 건강에 미치는 영향이 매우 적다고 생각한다. 위스키의 알코올 농도는 40%, 소주 20~25%, 청주 14%, 맥주는 3~5%로 상대적으로 알코올 농도가 낮다. 그래서 뇌 건강에 해롭지 않다고 여기지만 맥주 제조과정을 들여다보면 사실은 전혀 다르다.

맥주회사는 맥주를 제조할 때 경도가 높은 물을 사용하려고 한다. 이는 목 넘김을 부드럽게 하기 위해서이다. 그래서 대량의 황산칼슘이 섞인 물을 사용한다. 맥주에는 수돗물보다 수십 배 많은 황산염이란 미네랄 성분이 포함되는데, 이는 조각상에 사용하는 바로 그 석고이다. 그 황산칼슘이 다량 몸에 흡수되어 모세혈관을 막고 신장결석, 요로결석, 방광결석 등을 일으킨다.

또 인체는 가능한 한 빨리 독소를 체외로 배출시키기 위해 소변량을 늘리고 알코올이 가진 열을 빼앗기 위해 목구멍과 점막을 통해 수분을 증발시킨다. 이 과정에서 체수분을 잃게 된다. 음주는 혈관이 확장되고 혈류가 빨라지고 심박수가 올라가게 한다. 물론 호흡 횟수도 증가한다. 호흡 횟수가 증가하면, 기관에서 잃게 되는 수분량도 많아진다. 또 체온이 올라가기 때문에 체온 조절을 위해 피부에서 나오는 땀의 양도 많아진다. 13)

이렇게 신체 내의 수분을 대량으로 잃게 되면 체수분 이탈을 막고 신체를 지키기 위해 한꺼번에 혈관을 수축하여 혈류를 제한한다. 이렇게 되면 세포 대부분이 물 부족에 의해 기능이 떨어진다. 특히 많은 물을 사용하는 뇌에 큰 영향이 생긴다. 음주 다음날 아침 숙취로 불쾌하다. 이는 아직 분해되지 않고 남아 있는 아세트알데하이드(acetaldehyde)에 의한 것이다. 또 머리가 깨어질 듯 아픈 것도 뇌세포에서 수분이 빠져나가 뇌가 위축되면서 오는 증상이다. 14)

술을 마시고 물을 충분히 마시면 뇌의 위축을 어느 정도 막을 수 있다. 하지만 잦은 음주로 뇌의 위축과 회복을 반복하다가 어느 시점에 그 회복력을 잃게 된다. 이것이 습관적 음주에 의한 탈수 현상이다.

카페인은 우리 일상에서 빼놓을 수 없는 음료, 특히 커피의 주요 성분이다. 커피는 "악마같이 검고 천사같이 순수하며 지옥같이 뜨

겁고 키스처럼 달콤하다"라는 말처럼 양면성을 지니고 있다. 15)

카페인의 밝은 면이 있다. 카페인은 뇌 속 신경전달물질인 도파민의 합성을 도와준다. 신경전달물질은 신경세포에서 분비되어 신경세포 간의 신호를 전달하는 역할을 한다. 도파민은 뇌의 여러 영역에서 만들어져 학습, 탐험, 동기, 충동, 움직임, 선택과 집중 등 다양한 역할을 한다.

도파민은 운동 신경을 자극하거나 억제하며, 보상 활동에 관여한다. 도파민이 부족하면 의욕이 사라지고 쉽게 싫증을 느끼고 귀찮아지며 흥미를 잃게 된다. 도파민 분비가 많아지면 몸도 마음도 활발하게 움직이며 삶은 활력으로 넘치게 된다.

코르티솔(cortisol)은 스트레스 반응을 조절하는 주요 호르몬이다. 인체는 체내 환경을 늘 같은 항상성으로 유지하려고 노력한다. 코르티솔은 생명에 직결되는 중요한 호르몬으로, 전해질의 균형을 돕고 에너지를 저장하며, 면역 기능을 유지하고 염증과 알레르기 반응을 조절한다. 16)

아데노신(adenosine)은 신경 활동을 억제하고 졸음을 유도하는 신경전달물질이다. 카페인은 아데노신 수용체에 결합하여 아데노신의 작용을 차단함으로써 신경계의 각성 상태를 유지하여 불면을 일으킨다. 17)

카페인은 어두운 면도 있다. 카페인은 체내 도파민을 증가시켜 기분을 좋게 하고 동기 부여를 증가시킨다. 그러나 도파민의 과도한 증가는 충동성을 높이고 중독을 유발할 수 있다.

코르티솔의 과도한 분비는 근력 감소, 지방 증가, 뼈의 약화, 면역 기능 저하, 인슐린 저항성 증가 등 다양한 건강 문제를 일으킬 수 있다. 또한 쿠싱증후군, 뇌하수체 종양, 부신 종양 등 심각한 질병을 유발할 수 있다. 아데노신 수치의 과도한 감소는 심박수와 혈압을 급격하게 낮추며 심혈관계 문제를 악화시킬 수 있다.

카페인은 강한 이뇨 작용을 유발하여 체내 수분을 빠르게 배출시킨다. 이는 커피를 마신 후 화장실을 자주 가게 되는 이유이다. 카페인은 신장으로 가는 혈류량을 늘리고, 항이뇨호르몬(ADH) 분비를 억제하여 탈수를 유발할 수 있다.

커피 향을 거절하기 어려운 사람이 있다. 이런 경우 중독을 의심해 보아야 한다. 심각성을 자각하고 카페인 섭취를 중단했을 때 손이 떨리고 불안하며 감정 조절이 잘 안되고 쉽게 화가 난다면 이미 중독된 것이다. 카페인을 줄이면 나타나는 여러 증상 중 대표적인 금단현상이다.

카페인은 기분을 좋게 하고 집중력을 높이는 긍정적인 면도 있지만, 과도한 섭취는 다양한 건강 문제를 유발할 수 있다. 커피와 같은 카페인 음료를 적절히 섭취하고, 체수분을 유지하기 위해 물을 충분히 마시는 것이 중요하다. 또한, 건강은 얕은 지식에 의지하는 것보다 몸이 내게 하는 소리를 들을 줄 알아야 한다. 중독은 달콤하게 스며들어 무섭게 지배할 수 있음을 잊지 말아야 한다.

스트레스를 간단히 제압하는 길이 있다. 역사학자 아놀드 토인비(Arnold J. Toynbee)는 인류 문명을 "도전과 응전의 역사"라고 말하였다. 이는 인체에도 적용된다. 인체는 스트레스라는 도전을 슬기롭게 이길 수 있는 구조로 되어 있다. 스트레스에 직면했을 때, 인체는 이에 응전할 것인지 회피할 것인지를 결정한다.

스트레스에 대해 신경계와 내분비계는 스트레스를 받으면 에너지 대사를 증가시킨다. 그 결과 영양 소모가 많아져 체중이 감소하거나, 반대로 에너지를 축적하기 위해 식욕이 증가해 비만이 될 수 있다. 따라서 강한 스트레스는 체중 감소, 비만, 지방간, 고지혈증 등의 대사성 질환을 유발할 수 있다. 또한 저혈압, 고혈압, 동맥경화, 심장 질환, 뇌혈관 질환 등 순환계 질환도 발생할 수 있다. 스트레스에 대한 또 다른 반응은 회피이다. 이는 짜증, 신경질, 만성 피로, 무기력증, 우울증, 심각한 경우에는 극단적인 선택으로 이어질 수 있다. [18]

스트레스에 대해 신체는 이렇게 대응한다. 스트레스에 자극받으면 교감신경이 활성화된다. 이는 심장 박동과 수축을 증가시키고 혈관을 수축시키며 기도를 이완시켜 심폐 기능이 강화된다. 또한 에피네프린(epinephrine) 분비를 자극하여 뇌를 각성시킨다. 반면, 소화기관과 배설기관은 억제된다. 이는 여분의 피와 에너지를 심장, 뇌, 골격근으로 보내 스트레스에 대응하기 위함이다. 19)

교감신경의 흥분은 부신수질로부터 에피네프린을 대량 분비해 교감신경 반응을 강화하고, 당과 지방산의 방출이 촉진된다. 교감신경의 영향으로 혈액량이 감소하는 대표적인 조직은 소화기관과 신장이다. 신장의 혈액순환이 감소하면 바소프레신(vaso-pressin) 분비가 증가하여 소변 배출량을 줄이고 물 흡수를 늘린다. 이는 증가한 수분과 혈액을 뇌와 심장으로 보내 스트레스에 대항하도록 한다. 20)

스트레스 상황에서 생긴 열에너지는 세포핵과 DNA 변성을 초래할 수 있다. 하지만 세포 사이의 간질액이 충분한 사람은 열을 잘 받지 않는다. 간질액이 부족하면 쉽게 열을 받고, 신체는 과열을 해소하기 위해 땀을 흘린다. 이때 염분과 물을 잃게 된다. 따라서 선제적으로 수분과 염분을 충분히 섭취하면 열도 덜 받고 스트레스에도 덜 민감해진다.

수소 이온 농도 지수(pH)와 이온 강도의 변화로 DNA가 훼손될 수 있다. 미네랄의 공급원은 소금이며, 미네랄이 이온화되기 위해서는 물이 필요하다. 이온 강도는 탈수의 영향을 직접적으로 받는다. 따라서 스트레스에 의한 열, pH 변화, 이온 강도 변화 등은 모두 탈수와 직결된다. 혈액순환에서 가장 중요한 요소는 혈액의 약 55%를 차지하는 혈장의 수분이다. 체내 수분이 충분한 사람들은 스트레스 자극에 잘 대처할 수 있다. 체내 수분은 나트륨양에 비례하여 보유되므로 스트레스에 물과 소금은 가장 확실한 답이다. 스트레스와 탈수는 밀접한 관련이 있다. 체수분이 부족하면 스트레스에 더 민감해지고, 스트레스를 이기기 어렵게 된다. 탈수는 스트레스를 부르고, 급수는 스트레스를 정복하게 된다. 건강한 체수분 유지를 위해 충분한 물과 염분을 섭취하는 것이 중요하다. 인체는 맞닥뜨린 스트레스에 응전할 수 있는 놀라운 능력을 지니고 있다. 물과 영양소를 충분히 공급하여 스트레스에 대응하는 인체의 능력을 최대한 활용해야 한다.

과도한 운동에 의한 발한이 체내 수분을 급격히 감소시킨다. 운동 중 땀이 나는 것은 체온 조절을 위한 자연스러운 반응이지만, 수분과 전해질을 보충하지 않으면 탈수 상태가 된다. 운동 전후와 운동 중 충분한 수분 섭취가 중요하다. [21)-27)]

체액의 기능과 역할

체액은 인체 내부에 존재하는 모든 액체를 의미하며, 세포와 기관의 기능을 지원하고 인체의 항상성을 유지하는 중요한 역할을 한다. 체액은 체내에서 물의 형태로 존재하며, 다양한 생리적 과정에 필수적이다. 체액은 혈장, 림프액, 뇌척수액으로 이루어진다. [28)]

첫째, 혈장(plasma)은 혈액의 액체 성분으로, 전체 혈액의 약 55%를 차지한다. 혈장은 수분, 전해질, 단백질, 호르몬, 영양소 등을 포함하며, 산소와 이산화탄소의 운반, 영양소와 노폐물의 이동, 면역 반응 등 다양한 기능을 수행한다.

둘째, 림프액(lymph fluid)은 림프관을 통해 순환하는 액체로, 주로 혈장의 여과액이다. 림프액은 면역세포를 포함하며, 세포 간질액을 회수하고, 림프절을 통해 면역 반응을 조절한다. 림프계는 체액의 균형 유지와 체내 이물질의 제거에 중요한 역할을 한다.

셋째, 뇌척수액(cerebrospinal fluid, CSF)은 뇌와 척수를 둘러싸고 있는 액체로, 뇌실에서 생성되어 순환한다. 뇌척수액은 뇌와 척수를 보호하고, 영양소와 대사 산물을 전달하며, 중추신경계의 항상성을 유지한다. 29)

체액의 중요 기능

첫째, 체액은 면역 반응에 중요한 역할을 한다. 혈장과 림프액은 항체와 면역세포를 포함하고 있어, 체내 이물질과 병원체를 식별하고 제거하는 과정을 돕는다. 림프계는 면역 세포를 림프절로 이동시켜 면역 반응을 조절한다. 30)

둘째, 체액은 호르몬을 운반하여 체내 다양한 기관과 조직에 신호를 전달한다. 혈장은 내분비선에서 분비된 호르몬을 목표 세포로 운반하여 생리적 기능을 조절한다. 31)

셋째, 체액은 신체의 대사 과정에서 만들어진 노폐물을 제거하는 역할을 한다. 혈장은 신장에서 여과되어 소변으로 배출되며, 림프액은 세포 간질액에서 회수된 노폐물을 림프절로 운반하여 처리한다. 32)

체수분 유지를 위한 습관

충분한 물 섭취는 체수분을 유지하는 가장 기본적인 방법이다. 일반적으로 성인은 하루에 약 2리터(8잔)의 물을 섭취하는 것이 좋다. 개인의 체중, 활동 수준, 환경 조건에 따라 필요량이 달라질 수 있다.

균형 잡힌 식단은 체수분 유지에 중요한 역할을 한다. 과일과 채소는 수분 함량이 높아 체내 수분 보충에 도움을 준다. 또한 염분과 전해질의 균형을 유지하기 위해 다양한 영양소를 포함한 식단이 필요하다.

적절한 운동과 휴식은 체수분 유지에 중요하다. 운동 중에는 수분 손실이 발생하므로 운동 전후 및 운동 중에 충분한 물을 섭취하는 것이 필요하다. 또한 충분한 휴식을 통해 신체의 수분 균형을 유지하는 것이 중요하다.

스트레스 관리는 체내 수분 균형에 영향을 미칠 수 있다. 스트레스 관리 기법을 통해 스트레스를 줄이면 체수분 유지에 도움이 된

다. 명상, 요가, 심호흡 등 다양한 방법을 활용할 수 있다. 33)-38)

수분 섭취의 일일 권장량

수분 섭취 권장량은 나이, 성별, 활동 수준, 기후 조건 등에 따라 다르지만, 일반적으로 다음과 같은 지침을 따른다. 성별에 따른 수분 권장량은 남자는 약 2.4ℓ/일, 여자는 약 2.1ℓ/일, 청소년(14~18세) 남자는 약 3.3ℓ/일, 여자는 약 2.3ℓ/일, 성인(19세 이상) 남자는 약 3.7ℓ/일, 여자는 약 2.7ℓ/일이다.

나이에 따라 권장 수분 섭취량이 다르다. 유아(0~6개월)는 모유 또는 분유에서 모든 수분을 섭취한다. 아동(1~3세)은 약 1.3ℓ/일, 아동(4~8세)은 약 1.7ℓ/일, 청소년(9~13세)은 약 2.4~2.8ℓ/일이며 활동 수준에 따라 요구량이 다르다. 운동, 노동 등으로 활동적 생활을 하는 사람은 운동 중 땀으로 인해 더 많은 수분이 필요하다. 운동 전, 중, 후에 충분한 수분을 섭취하는 것이 중요하다. 일반적으로 운동 중에는 시간당 약 0.5~1ℓ의 물을 추가로 섭취하는 것이 권장된다. 고온, 고습 환경에서는 더 많은 수분 섭취가 필요하다. 땀으로 인해 수분 손실이 증가하므로 더 자주 물을 마셔야 한다. 39)-44)

탈수와 과수분증의 원인과 증상

탈수(dehydration)는 불충분한 수분 섭취, 과도한 땀 흘리기, 질병, 이뇨제 사용 등의 이유가 있다. 물을 충분히 마시지 않으면 탈수가 발생한다. 운동, 고온 환경, 또는 열병으로 인해 땀을 많이 흘릴 때 탈수가 된다. 설사, 구토, 고열 등의 질병으로 인해 체내 수분이 급격히 소실될 때 탈수에 이른다. 특정 약물이나 이뇨제의 사용으로 수분 배출이 증가할 때 탈수가 된다.

탈수의 정도를 세 단계로 구분할 때 그 증상은 다음과 같다. 가벼운 탈수에는 갈증, 구강 건조, 소변량 감소, 두통이 생기며, 중간 정도의 탈수가 있을 때는 입과 피부의 건조, 피로, 소변 색이 짙어짐, 근육 경련 등이 일어난다. 중증(重症)의 탈수로 진행되면 현기증, 혼란, 빠른 심박수, 의식 소실 등이 나타난다.

탈수를 예방하려면 매일 충분한 물을 마시고, 운동이나 더운 날씨에는 추가로 물을 섭취한다. 설사, 구토, 열이 있을 때는 전해질이 포함된 음료를 섭취한다.

과수분증(overhydration / hyponatremia)은 미네랄 없는 물을 단기간에 지나치게 많은 양의 물을 마실 때, 신장 기능의 저하로 신장이 물을 제대로 배출하지 못할 때, 또는 항이뇨호르몬의 과다 분비로 인한 수분 저류일 때 발생한다. 경증 과수분증에는 메스꺼움, 두통, 부종이 일어나고, 중간 정도의 과수분증은 혼란, 근육 경련, 피로감 등이 나타나며, 중증 과수분증에는 발작, 혼수상태, 호흡곤란, 뇌부종이 나타난다.

과수분증을 예방하려면 권장 수분 섭취량을 초과하지 않도록 주의해야 하며, 신장 질환이 있는 경우 의사의 지시에 따라 수분 섭취를 조절해야 한다. 장시간 운동 시 전해질 음료를 통해 균형을 유지하도록 해야 한다. 45)-50)

물의 종류와 선택

생수(bottled water)는 자연적으로 얻은 물로 보통 샘물, 우물물, 지하수 등에서 채취된다. 생수는 자연적으로 발생하는 미네랄이 포함되어 있으며 병에 담겨 판매된다. 생수의 특징은 천연미네랄이 포함되어 있어 건강에 유익하다. 최소한의 정제 과정을 거쳐 원래의 성분을 최대한 유지한다.

정수(purified water)는 오염 물질과 불순물을 제거하기 위해 정제 과정을 거친 물이다. 정수에는 역삼투압, 증류, 이온교환 등의 방법이 사용된다. 오염 물질, 화학물질, 미생물을 거의 완벽하게 제거한 고도 정제수이다. 또한 정제 과정을 통해 균일한 품질이 유지된다.

미네랄 워터(mineral water)는 천연으로 발생하는 미네랄이 높은 농도로 포함된 물로 보통 지하수에서 채취된다. 미네랄 워터는 규제에 따라 특정한 미네랄 함량 기준을 충족해야 한다. 칼슘, 마그네슘, 나트륨, 철 등 다양한 미네랄이 포함되어 있으며, 특정 미네랄이 포함되어 있어 건강에 유익한 효과를 제공할 수 있다.

물의 선택 기준은 신뢰할 수 있는 출처에서 제공하고 수질 검사 결과 안전성이 보장된 물을 선택하는 것이 중요하다. 또한 개인의 건강 상태와 필요에 따라 미네랄 함량을 고려하여 물을 선택해야 한다. 일례로 칼슘이 필요한 사람은 미네랄 워터를 선택할 수 있다. 물 맛은 개인마다 다를 수 있다. 다양한 물을 시도해보고 본인이 선호하는 맛을 찾는 것이 중요하다. 플라스틱병의 사용을 최소화하는 것이 좋다. 51)-55)

적절한 수분 섭취 방법

첫째, 좋은 물 섭취가 중요하다
좋은 물은 체성분과 유사한 미네랄이 균형 있게 포함된 물이다. 이러한 물은 건강을 유지하고 질병을 예방할 수 있다. 미네랄 균형이 깨진 물은 체수분을 잃게 만들어 탈수에 이르게 한다. 이 부분은 매우 중요하기 때문에 3장과 4장에서 구체적으로 언급하겠다.

식수의 산도(pH)는 7.0~8.5 사이가 이상적이다. 이러한 물은 혈류의 산을 중화하고 신진대사를 개선하며 영양소의 흡수를 향상한다. 또한 납, 수은, 비소와 같은 중금속, 농약, 산업 오염 물질 등의 유해 물질이 없어야 한다. 이러한 오염 물질은 암, 신경 장애, 어린이의 발달 문제와 같은 심각한 건강 위험을 초래할 수 있다. 카페인과 알코올 등 합성 음료는 체수분을 보충하지 못하고 오히려 잃게 하므로 피해야 할 음료이다. 물의 경도는 주로 칼슘과 마그네슘 이온에 의해 결정되며 중간 정도가 이상적이다. 경도가 너무 높으면 파이프에 이물질이 쌓이고, 너무 낮으면 부식성이 강해지고 필수 미네랄이 부족하게 된다.

둘째, 음식을 통한 수분 섭취가 중요하다.
많은 음식, 특히 과일, 채소, 수프 등은 높은 수분 함량을 가지고 있어 자연스럽게 수분을 공급한다. 수분 섭취량은 여러 요인에 따라 달라질 수 있다. 일반적으로 성인 남성의 경우 하루 약 3.7리터(약 13컵), 성인 여성은 하루 약 2.7리터(약 9컵)이다. 이 수치는 모든 음료와 음식에서 섭취하는 수분을 포함한 것이다. 특히 미네랄 균형이 깨진 물을 과도하게 섭취하면 저나트륨혈증을 유발할 수 있다.

셋째, 운동 중 섭취가 중요하다.
운동할 때는 운동 전, 중, 후에 체중의 2~3% 이상 수분을 손실하는데, 이를 방지하기 위해 충분한 물을 마시는 것이 중요하다. 특히 더운 환경에서 운동할 때는 전해질을 포함한 음료가 도움이 될 수 있다.

넷째, 적정 온도가 중요하다.
우리 체온은 36.5도이고 위장 온도는 37도이다. 3도로 냉장된 찬물 250cc를 섭취해 37도의 위장 온도로 높이는 데 들어가는 열량은 약 8,500cal이다. 이렇게 온도 차이가 큰 찬물을 마시면 체내

에너지를 낭비하여 쇠약해진다. 참고로 1칼로리는 물 1cc를 1℃ 올리는 데 들어가는 열량이다.

운동 후 갈증이 난다고 찬물을 급히 마시는 일은 위험하다. 혈액 속의 염분 농도가 평소보다 낮아지기 때문이다. 이는 체내 전해질 농도가 달라지고, 농도가 같아질 때까지 삼투압 현상이 지속되면서 압력 차이가 발생한다. 체내 세포가 압력을 견디지 못하면 붓거나 심할 경우 터지기도 한다. 두통, 호흡 곤란, 현기증, 구토, 근육 경련 등이 일어나기도 하며, 심하면 폐부종, 뇌부종이 발생해 혼수상태 또는 사망할 수 있다.

실제로 돌연사한 축구선수가 있다. 2019년 5월 페루의 수야나에서 열린 축구대회에 참가했던 루드윈 플로레즈라는 선수가 급히 찬물을 들이켰다가 심장마비로 사망했다. 그는 찬물 섭취 후 심장에 이상을 느껴 병원으로 긴급 이송됐으나 끝내 사망했다. 환자를 검진한 의사는 현지 매체와의 인터뷰를 통해 "운동 직후에는 체온과 심박수가 증가하고 혈관이 확장되는데, 이때 찬물을 마시면 혈관이 수축해 쇼크로 심장이 멎었다."라고 말했다. [56)-57)]

다섯째, 물 먹는 시간과 간격이 중요하다.
아침 공복에 마시는 물은 신진대사, 소화, 장운동을 촉진하고 밤사이 몸에 쌓인 독소를 제거한다. 또 림프계를 원활하게 하여 면역 체계를 강화하고 피부, 정신적 각성을 통해 집중력과 기억력 향상에 도움이 된다. 그리고 식전 30분부터 식후 2시간은 물을 금하는 것이 소화기와 체내에너지 관리에 유익하다. 그리고 나머지 시간, 즉 식후 2시간 후부터 식사 전 30분까지 조금씩 자주 마시는 것을 권장한다. 한 번에 많은 양의 물을 마시면 체내에서 빠르게 배출되므로 자주 적은 양을 섭취하는 것이 더 효과적이다.

1937년 샌프란시스코의 금문교(Golden Gate Bridge)가 개통되었다. 금문교 이전에 샌프란시스코와 마린 카운티를 오가려면 배를 타고 복잡한 여정을 거쳐야 했다. 샌프란시스코의 시민은 이제 쉽게 마린 카운티로 이동하여 더 많은 일자리와 기회를 찾을 수 있게 되었고, 마린 카운티의 주민들은 샌프란시스코의 다양한 문화와 경제적 혜택을 누릴 수 있게 되었다. 이 다리는 단순한 물리적 연결을 넘어 사람들의 삶을 근본적으로 변화시키는 다리였다. 이제 우리는 탈수의 강을 넘어 생명의 땅으로 가는 다리 앞에 도착하였다. 그리고 이 다리를 넘으면서 탈수가 내게 보내는 다양한 신호를 접하게 될 것이다. 별것 아닌 것으로 소홀하였던 여러 느낌, 증상, 염증, 통증이 탈수 신호였음을 알게 될 때 놀라운 발견을 하게 된다. 그리고 탈수를 극복하고 생명력 넘치는 새로운 삶을 살게 될 것이다.

2장
탈수라고 쓰고
아픔으로 느낀다

느낌으로 감지(感知)하는 탈수
증상으로 인식(認識)된 탈수
염증으로 실감하게 된 탈수
통증으로 알게 된 탈수

> 인간은 느끼는 대로 움직이고,
> 느끼는 대로 선택하는 경우가 많다.
> 열정(熱情)은 끊임없이 도전하게 하고,
> 두려움(frightened)은 멈추게 한다.
> 느낌은 삶을 이끄는 나침반 같다.

느낌은 몸이 내게 전하는 세미한 속삭임이다, 그 많은 느낌 중 하나가 갈증이다. 우리 몸은 매 순간 내게 신호를 보낸다. 목마름은 물이 필요하다는 요청이다. 피부가 건조해질 때, 입술이 메마를 때 몸은 내게 물 좀 달라고 애원한다.

물을 마실 때 느껴지는 상쾌함은 몸이 보내는 감사의 표현이며 신선한 물 한 잔이 몸속을 타고 흐르며 모든 세포에 생기를 불어 넣는 순간 우리는 몸이 살아있음을 실감한다. 수분은 단순히 생명을 유지하는 요소가 아니라 우리의 몸과 마음을 연결해주는 중요한 매개체이다. 수분이 충분할 때 우리는 더 집중하고 더 활기차게 움직일 수 있다. 또 수분이 부족할 때 우리는 쉽게 지치고 집중력이 떨어지며 기분도 나빠진다.

이렇게 몸의 수분 상태는 우리의 일상과 밀접하게 연결되어 있다. 우리는 몸이 보내는 느낌을 존중하고 충분한 물을 섭취할 때 더욱 건강하고 활기찬 삶을 살 수 있다. 이처럼 느낌은 단순한 감정의 표현을 넘어서 우리의 삶을 유지하고 지탱하는 중요한 요소이다.

느낌으로 감지(感知)하는 탈수

피곤한 느낌에 생각나는 말이 있다. "피곤한 자는 영웅이 될 수 없다." 이는 사실이다. 그러나 이 땅의 많은 영웅 후보들이 늘 피곤을 달고 산다. 체수분 부족이 그 이유 중 하나이다. 혈액의 55%는 혈장, 즉 물로 구성되어 있다. 뇌는 체중의 2%에 불과하지만, 체내 산소의 20%, 포도당의 25%를 사용하며 다른 장기보다 10배 이상의 영양분이 있어야 한다. 뇌의 85%는 물로 구성되어 있고, 수분이 1~2%만 부족해도 큰 이상이 생길 수 있다.

뇌와 수분은 아주 밀접하게 연결되어 있다. 뇌세포는 포도당을 에너지원으로 사용하며, 포도당이 효율적으로 분해되지 않으면 뇌세포의 당 흡수량이 줄어 수명이 짧아진다. 포도당 운반단백질(GLUT)이 증가하면 ATP 수치가 올라간다. 이 과정에서 수분이 꼭 필요하다. 물은 체내에너지와 삼투 평형을 조절하는 중요한 역할을 한다. 물이 부족하면 에너지 생산이 저하되고, 이는 피로와 지침으로 이어진다.

물은 신경 전달과 에너지 생산에 필수적이며, 체내에너지 생성과 저장에 중요한 역할을 한다. 따라서 수분 부족은 피로와 지침의 주요 원인이다. 물은 체내에서 생리적 균형을 유지하고, 신진대사를 원활하게 하는 데 필수적이다. 충분한 수분 섭취는 피로를 예방하고, 최상의 신체 및 정신적으로 임무를 끝까지 수행하는 능력(performance)이 중요하다. 충분한 수분 섭취는 피로를 줄이고 에너지 레벨 유지에 핵심적이다. 영웅은 물을 지배하는 자이다. 1)

나른한 느낌은 수분 부족과 관련이 깊다. 물은 세포 내에서 에너지원인 ATP를 만든다. ATP(Adenosine Triphosphate)는 세포 내에서 에너지를 저장하고 전달하는 분자로 아데노신이라는 분자에 세 개의 인산 그룹이 결합을 고에너지로 간주한다. 이 결합이 깨지면서 에너지를 방출하며 세포의 다양한 생리적 기능을 수행한다.

그런데 수분이 부족하면 ATP 생산이 줄어든다. 이에 세포의 에너지 수준이 낮아지고, 나른함과 피로를 느끼게 된다. 또 수분은 신경전달물질의 합성과 전달에 관여하는데 수분이 부족하면 신경전달물질의 생성이 저하되고, 신경 신호전달이 원활하지 못해 집중력 저하와 무기력감을 유발한다. 또 수분 부족은 체온 조절 능력을 저하하고, 체온이 상승하면 피로와 무기력감을 유발한다.

체내 수분은 세포 내외의 삼투 평형을 유지하여 정상적인 세포 기능을 지원하나 수분이 부족하면 세포가 제대로 기능하지 못하게 되어 피로감을 느끼게 된다. 또 수분 부족은 신경계 기능에 영향을 미쳐 집중력 저하와 무기력감을 유발하고 수분 부족은 전해질 불균형으로 신경 기능을 저하해 나른함을 만들어 낸다. 2)

머리가 무겁다는 느낌은 신체 구조적 결함에 있다. 성인의 머리 무게는 1.5kg 정도이다. 그런 무게를 무겁게 느끼는 경우는 목과 척추의 역학적 문제나 균형 장애, 중증 근무력증, 나쁜 자세, 부비동 두통, 긴장성 두통 등이 원인이다. 그 외에 머리가 무겁다고 느끼는 요인 중 가장 흔한 것이 수분 부족이다. 뇌는 수분 부족으로 인해 혈액 순환이 원활하지 않으면 머리가 무겁다고 느끼게 된다. 이는 뇌가 순환 속도를 높여 급히 수분을 공급해달라는 신호이다. 수분이 부족하면 뇌 혈류가 증가해도 충분한 수분을 공급받지 못해 편두통이 발생할 수 있으며 뇌세포 내 독성 폐기물이 제대로 처리되지 않아 머리가 멍하거나 무거운 느낌이 든다. 3)

잠들기 힘들다는 느낌이 있다. 사람은 생애의 1/3을 잠을 잔다. 곧 충분한 수면은 건강 유지에 필수적이다. 하지만 많은 사람이 불면증에 시달린다. 이는 종종 수분 부족과 관련이 있다. 6시간 이하로 자는 사람들은 수분 부족 상태일 가능성이 크다. 이는 미국과 중국에서 수집된 20,000명 이상의 건강한 성인을 대상으로 한 연구에서 밝혀졌다.

이 연구는 소변 표본을 통해 참가자들의 수분 상태를 분석하고,

수면 시간과 비교하여 이러한 결론을 도출했다. 바소프레신, 또는 항이뇨호르몬은 수면 중에 분비되어 신장에서 수분 재흡수를 돕는다. 수면 시간이 부족하면 바소프레신 분비가 교란되어 수분 재흡수 과정이 저해된다. 이는 만성 탈수증으로 이어져 요로감염, 신장결석 등의 문제를 일으킬 수 있다. 4)

수면 중에 뇌척수액이 뇌세포 사이를 순환하며 노폐물을 제거하는 글림프 시스템(glymphatic system)이 작동한다. 수분 부족은 이 시스템의 기능을 저하해 베타 아밀로이드와 타우 단백질 같은 노폐물의 제거를 방해한다. 이러한 축적은 치매와 같은 신경퇴행성 질환을 유발할 수 있다.

수면 부족과 탈수는 서로 밀접하게 연결되어 있으며, 충분한 수면과 수분 섭취는 건강 유지에 중요하다. 다음과 같은 방법으로 이를 예방할 수 있다. 하루에 충분한 물을 마셔 탈수를 예방한다. 일정한 수면 시간과 패턴을 유지하여 바소프레신 분비가 제대로 이루어지도록 한다. 수분이 풍부한 과일과 채소를 섭취하여 체내 수분을 보충한다. 5)

눈이 뻑뻑한 느낌은 안구가 건조할 때 드는 느낌이다. 이는 눈물이 부족하거나 증발하여 눈 표면이 손상될 때 발생하며 눈이 시리고 이물감과 건조함을 느끼게 한다. 눈물은 눈동자 앞의 이물질을 씻어주기 위해 3초마다 한 번 눈을 깜빡이고 하루에 약 1㎖ 정도 분비된다. 그러나 수분이 부족하면 눈물샘 기능이 떨어져 눈물이 잘 나오지 않게 된다. 눈물을 통해 라이소자임이나 루그더닌(lugdunin) 같은 신체 항생물질이 분비되어 대부분의 세균과 바이러스를 차단하나 겨울철이나 체수분이 부족해 건조해지면 감기에 잘 걸린다. 이는 라이소자임이나 루그더닌 같은 신체 항생물질이 눈물을 타고 호흡기에 전반적으로 퍼져야 하는데 수분이 부족하여 세균과 바이러스에 감염이 잘된다. 또 수분 부족은 눈물의 분비를 감소시켜 안구를 말려 눈의 피로와 불편을 준다. 6)

입이 마른다는 느낌은 탈수의 증상 중 하나로 침이 잘 만들어지지 않기 때문이다. 사람은 하루에 평균 500㎖에서 1.5ℓ의 침을 분비한다. 타액은 구강 건강을 유지하고 소화를 돕고 입을 촉촉하게 유지하는 데 중요하다. 그러나 탈수되면 몸은 물을 절약하기 위해 타액 생산을 줄이게 되어 구강이 건조해진다. 이는 여러 요인에 의해 악화할 수 있다. 예를 들어, 항히스타민제, 충혈 완화제, 특정 진통제와 같은 많은 약물의 부작용으로 나타날 수 있다. 또한 당뇨병, 쇼그렌 증후군, 파킨슨병과 같은 병은 타액선에 영향을 주어 입 마름을 유발할 수 있다. 이 외에도 흡연과 스트레스 같은 생활 습관 요인도 타액 생성을 감소시킨다. 이를 개선하려면 충분한 수분 섭취와 카페인과 알코올과 같은 입 마름을 악화시킬 수 있는 물질을 피해야 한다. 이런 입 마름이 지속되면 기저 질환을 확인할 필요가 있다. 7)

숨쉬기 힘들다는 느낌은 천식, 폐렴 등 호흡기 질환과 심부전, 심근경색, 부정맥 등 심혈관계 질환, 루게릭병 등 신경근 질환, 척수 손상으로 인해 호흡이 어려운 경우 등 신경 및 근골격계 질환이 숨쉬기 어렵게 만든다. 혈액 내 산소 운반 능력이 저하되는 빈혈, 대사 기능이 느려지는 갑상선 기능 저하증, 산-염기 균형이 깨진 대사성 산증도 숨을 쉬기 어렵게 만든다.

숨쉬기가 어렵다. 불편하다는 느낌은 혈액순환 장애에 따른 뇌의 반사 작용이다. 이는 수분 부족과 관련이 크다. 혈액의 55%를 차지하는 수분이 부족하면 혈액의 점도가 올라가 순환 장애를 일으키는 것은 당연한 일이다. 이에 따라 산소 공급 부족을 보상하기 위해 호흡이 빨라진다. 또한 수분과 이산화탄소로 만들어지는 탄산 형성 과정에 필요한 수분이 부족하면 혈중 이산화탄소가 증가하여 호흡 중추를 자극하므로 호흡이 빨라진다. 즉 탈수는 산소부족, 이산화탄소 증가를 유발하여 숨이 가빠지게 한다. [8]

배고프다는 느낌은 실제로 수분 부족일 수 있다. 뇌는 때때로 갈증을 배고픔으로 오인할 수 있다. 이러한 혼동은 수분이 부족할 때 발생할 수 있는 몇 가지 이유에 기인한다. 탈수는 혈액 내 나트륨 농도를 증가시킨다. 이에 바소프레신이 분비되는데, 이 호르몬은 신장이 수분을 보존하도록 신호를 보내는 역할을 한다. 그러나 바소프레신은 동시에 혈관을 수축시켜 혈압을 높여 신체에 스트레스를 증가시켜 배고픔을 유발할 수 있다. 수분 부족은 혈액 순환과 산소공급을 저하해 에너지 수준을 떨어뜨린다. 에너지 부족을 보충하기 위해 신체는 음식을 요구하는 신호를 보내게 된다. 이러한 상황에서 실제로 필요한 것은 수분 보충이지만, 이는 배고픔으로 오인될 수 있다. 배고픔과 탈수를 구분하는 방법이 있다. 배고픔을 느낄 때 먼저 물을 한 잔 마셔보는 것이 좋다. 수분 보충이 필요한 경우, 물을 마신 후 배고픔이 사라진다. 또한 소변 색깔이 짙은 노란색일 경우, 수분이 부족하다는 신호일 수 있다. 9)

청량음료가 당기는 느낌이 들 때가 있다. 물 부족을 알려주는 신체 언어이다. 그런데 왜 물이 아니라 제조 음료가 당길까? 평소 수분 부족에 대한 몸의 요구를 제조 음료로 길들였기 때문이다. 청량음료는 물과 당분을 모두 포함하고 있어 탈수로 인한 갈증과 에너지 부족을 동시에 해소할 수 있다. 따라서 갈증을 느낄 때 우선 물을 마시는 것이 중요하며 이는 불필요한 탄산음료 섭취를 줄이는 데 도움이 된다. 또한 감정적 스트레스나 습관적인 행동 역시 탄산음료를 갈망하게 만드는 주요 원인 중 하나이다. 탄산음료는 카페인과 당분을 통해 뇌의 보상 시스템을 자극하여 일시적인 기분 전환을 제공하나 건강에는 해롭다. 10)

조급해진다는 느낌은 탈수에 비롯된 경우가 많다. 탈수는 뇌의 전해질 균형을 깨뜨려 신경 및 근육 기능에 영향을 미친다. 탈수가 발생하면 두통, 근육경련, 심박수 증가, 집중력 저하, 수면 장애 등이 나타날 수 있다. 또한 탈수는 소변을 농축시키고 어두운색의 소변과 강한 냄새를 동반한다. 이러한 탈수 증상은 피로와 어지러움을 유발하며, 정신 상태에도 부정적인 영향을 미쳐 짜증과 불안을 증가시킬 수 있다.

탈수는 특히 전해질 불균형을 일으킬 수 있다. 전해질은 신경 신호전달과 근육 기능 유지에 필수적인 역할을 한다. 탈수로 인해 전해질 불균형이 발생하면 근육 경련, 피로, 두통, 심박수 변화 등의 증상이 나타날 수 있으며, 이는 불안감을 악화시킬 수 있다.

물을 충분히 섭취하면 탈수를 예방하고, 전해질 균형을 유지하여 신경과 근육 기능을 정상적으로 유지할 수 있다. 하루에 남성은 약 3.7리터, 여성은 약 2.7리터의 수분을 섭취하는 것이 권장된다. 또한 심한 탈수 상태에서는 전해질 음료를 통해 나트륨, 칼륨, 칼슘 등의 전해질을 보충하는 것이 중요하다. 또 스트레스와 불안을 줄이기 위해 충분한 수면과 규칙적인 운동, 건강한 식습관을 유지하는 것이 중요하다. 또한 물을 충분히 마시는 것도 정신건강에 도움이 된다. [11]

얼굴이 달아오른다는 느낌은 뇌의 수분 결핍 때 나타나는 증상이다. 뇌의 85%가 물로 구성되어 있어 미세한 수분 결핍에도 매우 민감하게 반응한다. 탈수 상태에서는 뇌에 충분한 수분이 공급되지 않기 때문에 뇌는 혈관을 팽창시켜 혈류량을 늘리게 된다. 이에 얼굴이 달아오르고 붉어지는 증상이 나타난다. 이는 뇌가 혈류를 증가시켜 산소공급을 보상하려는 반응이다. 또한 얼굴에 많이 분포한 신경종말에 수분이 충분히 공급되지 않으면 표정 관리가 어려워질 수 있다. [12]

불안하고 초조한 느낌은 탈수와 관련이 깊다. 탈수는 혈액의 점도를 높인다. 이는 혈액 순환에 문제를 일으켜 산소공급이 줄어들게 되고 뇌의 반응이 느려지며 불안과 초조함을 증가시킬 수 있다. 또한 탈수로 인해 체내 전해질 불균형이 생겨 신경에 영향을 주어 불안 증상이 나타난다. 한 연구에 따르면, 물을 충분히 마시는 사람들은 그렇지 않은 사람들에 비해 불안과 우울증의 위험이 낮은 것으로 나타났다. 특히 물 섭취량을 증가시키면 기분이 좋아지고 물 섭취를 줄이면 긴장감이 증가하는 경향이 있다. 따라서 탈수를 예방하기 위해 충분한 수분 섭취가 중요하며 이는 불안과 초조함을 줄일 수 있다. 물을 꾸준히 마시고, 수분이 많은 과일과 채소를 섭취하는 것이 좋은 방법이다. 또한 탈수를 방지하기 위해 하루에 적절한 양의 물을 섭취하는 것이 권장된다. 13)

산만하다는 느낌이 들 때가 있다. 캠브리지(Cambridge) 대학 연구에 따르면 탈수로 인해 주의력, 단기 기억력, 작업 기억력 등 다양한 인지기능이 저하될 수 있다는 것이 밝혀졌다. 예를 들어, 군인들을 대상으로 한 연구에서는 탈수가 심화함에 따라 숫자 계산 능력, 정신 운동 기능, 지속적인 주의력이 모두 저하되는 것으로 나타났다. 이 연구는 탈수가 인지기능에 미치는 영향을 체계적으로 조사한 첫 번째 연구 중 하나로, 탈수가 인지 능력에 부정적인 영향을 미친다는 것을 입증했다. 14)

화나는 느낌이 생길 때가 있다. 탈수가 인체에 미치는 영향 중 감정 변화와 관련된 부분은 뇌의 여러 신경 전달 물질(neurotransmitters) 및 호르몬 조절과 밀접한 연관이 있다. 뇌는 수분 상태를 매우 정밀하게 관찰하며, 탈수가 감지되면 스트레스 반응을 촉발한다. 이 과정에 뇌의 시상하부는 체내 수분 상태를 감지하고 갈증을 유발하는 중요한 역할을 한다. 탈수가 발생하면 시상하부에서 스트레스 호르몬인 코르티솔이 분비되어 몸이 "위기 상황"임을 인지한다. 이 스트레스 반응이 지속되면 초조함, 긴장감, 그리고 짜증과 같은 감정 변화를 촉발할 수 있다.

수분 부족은 신경 전달 물질, 특히 세로토닌과 도파민과 같은 감정 조절에 중요한 화학물질의 균형을 깨트린다. 이는 뇌의 신경 활동에 혼란을 주어 감정 기복을 일으키며, 공격적인 반응이나 충동적 행동을 유발할 수 있다. 또 수분이 부족해지면 뇌의 에너지 공급에 차질이 생긴다. 포도당과 같은 에너지 공급원이 뇌로 제대로 전달되지 않으면 피로감이 증가하고, 인지 능력과 집중력이 저하된다. 이에 따라 짜증과 화 같은 부정적 감정이 더 쉽게 발생할 수 있다.

탈수는 혈액의 농도를 높여 혈압을 상승시킬 수 있다. 이에 따라 심장과 뇌에 가해지는 압박이 증가하여 감정적 불안정성을 초래할 수 있다. 이와 같은 이유로 가벼운 탈수 상태에서도 두통, 피로, 집중력 저하와 함께 초조함, 짜증, 공격적인 행동이 나타날 수 있다. 따라서, 충분한 수분 섭취는 신체 건강뿐만 아니라 감정적 안정에도 중요한 역할을 한다는 점을 이해하는 것이 중요하다. 15)

가렵다는 느낌이 있다. 탈수는 피부에 다양한 영향을 미칠 수 있으며 가려움증을 유발할 수 있다. 탈수로 인해 피부가 건조해지고, 이는 피부의 자연 보호막을 훼손해 가려움증을 만든다. 건조한 피부는 염증이 생기기 쉽고, 피부 장벽이 약해져 외부 자극에 민감하게 반응하게 된다. 메이요 클리닉(Mayo Clinic)에 따르면, 탈수로 인한 가려움증은 주로 건조하고 갈라진 피부로 나타난다. 당뇨병, 만성 신부전, 빈혈, 아토피 피부염, 소양증, 항문소양증, 비염도 가려움증을 일으킨다. 16)

마른다는 느낌이 들 때 '이브'는 괴롭다. 탈수는 질(膣) 점막을 건조하게 한다. 특히 폐경기 동안 에스트로겐 수치가 감소하면 체내 수분 유지 능력이 저하되어 질 건조가 심화할 수 있다. 탈수로 인해 질 점막이 얇아지고 건조해지면서 염증과 자극이 발생할 수 있다. 이는 가려움, 화끈거림의 증상으로 나타난다. 예방과 관리 방법은 충분한 수분 섭취가 답이다. 또 수분이 많은 과일과 채소를 섭취하는 것이다. 17)

피가 마르는 느낌은 체수분이 부족할 때 긴장은 더 심한 탈수를 불러들여 피가 마르는 느낌이 들게 한다. 탈수는 체내 코르티솔과 같은 스트레스 호르몬의 수치를 증가시킨다. 코르티솔은 신체의 '싸움' 또는 '도피' 반응을 촉진하여 혈압과 심박수를 높이고, 이러한 반응은 체내 수분을 더 많이 소모하게 한다.

탈수는 혈액의 점도를 높여 혈액 순환을 어렵게 만든다. 이는 심장이 더 열심히 일하도록 만들어 심박수가 증가하고, 체내 열이 증가하여 추가적인 탈수를 유발한다. 또 체내 수분이 부족하면 나트륨, 칼륨 등 전해질의 균형이 깨지게 되고 신경 전달에 영향을 미쳐 불안감과 긴장을 증가시키며, 근육경련과 같은 증상을 유발할 수 있다. 탈수는 신경계 영향을 주어 집중력 저하, 두통, 어지러운 증상을 유발할 수 있고 다시 신체에 스트레스를 주어 탈수를 악화시킨다. 18)

증상으로 인식(認識)한 탈수

코딱지(booger) 가 왜 생길까? 비강 점막은 코로 들어온 공기의 온도와 습도를 조절한다. 그런데 탈수되면 비강 점막도 마른다. 비강 점막은 정상적으로 습기를 유지하며 외부로부터 먼지나 병원균 등을 걸러내는 역할을 한다. 그러나 탈수가 발생하면 비강 점액이 두껍고 끈적해져 고유한 역할 수행이 어렵게 된다. 비강 점액은 외부 물질로부터 보호하고 점액 섬모 시스템을 통해 이를 제거하는 역할을 한다. 탈수 상태에서는 점액이 두꺼워지고 비강 점액이 건조하고 딱딱해져서 코딱지가 형성된다. 이는 점액 섬모의 움직임을 방해하여 점액이 비강 내에 머무르면서 감염의 위험을 증가시킬 수 있다. 19)

발뒤꿈치 각질(heel calluses) 탈수는 발뒤꿈치같이 압력을 많이 받는 부위에서 각질을 만든다. 피부의 자연 보호막이 손상되고, 피부를 통한 수분 증발(trans-epidermal)이 증가하면서 각질층이 두꺼워지고 수분 부족은 피부 세포의 재생 방해로 각질이 쌓인다.

탈수는 혈액의 점도를 높여 혈액 순환을 어렵게 만들고 피부에 영양과 산소공급을 줄여 건조를 가속한다. 피부를 통한 수분 증발로 더욱 건조해지고 이는 발뒤꿈치와 같은 부위에서 각질층이 두꺼워지는 결과를 초래한다. 탈수는 피부 장벽을 훼손해 외부 자극에 민감하게 반응하게 만들며, 각질 형성을 촉진한다. 예방과 관리는 충분한 수분 섭취가 해답이다. 20)

치매(dementia)는 기억력 상실과 인지기능 저하로 시작된다. 그리고 많은 것을 잃게 된다. 먼저 기억을 잃어버린다. 겨우 희미하게 옛것만 기억하고 과거 속에 머무르게 된다. 또 수행 능력을 잃어버린다. 평생 익숙했던 일도 혼자 할 수 없게 되고, 무엇을 먼저하고 나중에 해야 하는지 일의 우선순위를 잃어버린다. 민감성도 잃어버린다. 냄새 맡는 능력과 입맛도 함께 잃어버린다. 초식동물이 듣기에 둔해지면 포식자의 먹잇감이 되는데 치매는 청력을 잃게 하고 주변 사람과 소통 능력을 잃어 관계가 소원해진다.

치매는 삶의 흥미와 감동을 잃게 한다. 감동은 크게 느끼어 마음이 움직이는 것이다. 감동에 헤픈 뇌가 오래 산다는 말이 있지 않은가! 감동의 순간에 뇌에서 새로운 신경회로가 만들어지고 몸에서 놀라운 변화가 일어난다. 감동을 잃으면서 반응을 잃게 되고 표정을 잃어버린다. 무감동, 무표정, 무반응 같은 것이 우리를 슬프게 한다. 또 치매는 보폭이 줄고 걷는 속도를 잃게 된다. 그리고 치매의 최대 슬픔은 인간의 존엄성을 잃게 하는 것이다.

치매는 쌓이는 병이다. 1901년 독일의 정신과 의사인 알로이스 알츠하이머(Alois Alzheimer)는 그의 환자인 아우구스테 데터(Auguste Deter)와 만났다. 그녀는 인지장애뿐만 아니라 불면증으로 입원하였다. 상태가 매우 심각했던 그녀는 5년 뒤인 1906년에 사망하였다. 알츠하이머 박사는 그녀를 부검하여 뇌조직의 병리학적 변화를 관찰하여 학계에 최초로 발표했다. 1년 뒤인 1907년, 그녀의 대뇌피질에서 아밀로이드 판(amyloid plaque)를 발견하였다. 이렇게 세상에 발표된 알츠하이머병은 1910년 독일의 정신의학자 에밀 크레펠린(Emil Kraepelin)이 최초 보고자인 알로이스 알츠하이머 박사의 이름을 따서 알츠하이머병(Alzheimer's disease)으로 명명하였다. 1985년과 1986년에 알츠하이머병 뇌에서 조직학적으로 관측된 덩어리(tangle)의 주요 구성 요소가 타우(tau) 단백질이며, 알츠하이머병 뇌에서는 이 타우 단백질이 비정상적으로 인산화된다는 것이 밝혀졌다.

치매는 다양한 원인에 의해 발생할 수 있는 증후군으로, 알츠하이머병, 혈관성 치매, 루이소체 치매 등이 있다. 알츠하이머병과 같은 특정 형태의 치매는 아밀로이드 판과 타우 단백질의 축적으로 인해 발생할 수 있다. 베타 아밀로이드 축적은 알츠하이머병의 특징적인 병리학적 소견 중 하나이다. 치매는 뇌 신경세포가 파괴돼 뇌가 쪼그라들거나 역할을 제대로 수행하지 못한다.

알츠하이머병의 경우 아세틸콜린 분비 감소가 주요 원인 중 하나로 알려져 있으며, 이와 관련된 약물이 사용된다. 도네페질(donepezil), 리바스티그민(rivastigmine), 갈란타민(galantamine) 등의 약물은 치매 증상의 진행을 늦추는 데 효과가 입증되었다. 또 신경세포끼리 신호를 주고받는 이음매의 틈이 벌어지면서 100여 종류의 신경전달 물질이 제대로 전해지지 않는다는 것이다.

탈수는 주의력, 기억력, 실행 기능 등의 인지기능을 저하한다. 노인의 경우 갈증을 느끼는 감각이 감소하고 소변 농축 능력이 떨어져 탈수에 더 취약하다. 가벼운 탈수조차 시각적 운동 추적, 주의력, 단기 기억력 등의 인지기능에 큰 영향을 미친다는 연구 결과가 있다. 노인의 경우 적절한 수분 섭취가 인지기능을 유지하고 인지 저하의 위험을 줄이는 데 도움이 된다는 연구가 있다. 일반적으로 성인은 하루 2~3리터의 수분을 섭취하는 것이 권장된다. 물과 수분이 많은 과일과 채소 등이 포함된다. 치매 환자나 노인의 경우 정기적으로 수분을 섭취하도록 도와주고, 수분 섭취를 일상의 습관으로 만드는 것이 중요하다. [21]-[23]

수분 부족이 치매에 어떤 영향을 미치는지에 대한 연구는 아직 초보 단계에 있다. 그중 물 연구의 대가 중 한 명의 의학자가 있다. 뱃맨겔리지(Batmanghelidj) 박사가 『Water: For Health, for Healing, for Life』란 책을 세상에 내놓아 큰 반향을 불러일으켰다. 그의 이론을 실제로 적용한 일본인 다케우치 다카히토 교수가 물로 치매를 치료한 사례가 이 분야에 관심 있는 분들에게 조금이라도 도움이 될까 하여 소개한다. 다케우치 다카히토 교수는 "치매 환자의 수많은 증상 중 약 80퍼센트 정도는 물과 운동만으로도 치유되는데, 좀처럼 개선되지 않는 경우는 신경 안정제, 수면제, 항우울증약, 항불안약, 항간질약 등을 먹는 사람들이다"라고 하면서 그 구체적인 내용을 『간병 기초학 - 고령자 자립지원 이론과 실천』에 발표했다. 이 책은 일본 곡사이의료복지대학의 교재 중 한 권으로, 2012년부터 2015년까지 160명을 대상으로 벌인 "다량의 물과 운동요법"으로 치매 환자의 증상 76.3퍼센트가 치유된 통계와 사례가 수록돼 있다.

이러한 일이 사실이라는 것을 입증하는 내용이 일본 TBS 방송에 방영되었다. 2017년 12월 22일과 이듬해 1월에 영화배우인 후세 히로시가 두 차례 출연해 "84세의 어머니가 알츠하이머 치매를 앓고 있었는데, 치매 전문의인 다케우치 교수의 치매는 물을 많이 마시면 치유된다는 조언대로 어머니에게 물을 많이 마시도록 한 결과 치매가 치유됐다"라고 밝혔다. 이 방송 내용을 요약하면 다음과 같다.

그는 다케우치 교수가 소개한 도쿄의 '모리노카제'라는 노인 요양원을 방문했다. 이곳은 중증 치매 환자에게도 기저귀를 사용하지 않는 곳으로 알려져 있다. 치매 환자가 하루에 최저 1.5ℓ 이상의 물을 마시도록 직원들이 철저히 관리하는 것을 보고, 그의 어머니도 평상시보다 많은 물을 마시도록 양을 조금씩 늘려 1주일 후에는 하루에 1.5ℓ를 어머니 혼자 마시게 됐다. 그의 어머니는 평소 수도꼭지를 마냥 틀어놓거나, 가스레인지의 불을 켜 놓은 것을 잊고 음식을 태우기도 하며, 며느리를 요양사로 착각하기도 하고, 현재 사는 집이 남의 집이라고 생각해 저녁때 퇴근하고 돌아온 아들이 자기를 데리러 온 걸로 생각하기도 하고, 결혼한 아들에게 결혼은 언제 할 거냐? 라고 묻기도 하고, 애완견의 사료를 먹는 등 이상한 행동을 했는데, 치매 발생 이전의 건강한 모습으로 되돌아가 정상적인 생활을 하게 됐다.

위 이야기를 뒷받침할 수 있는 학술 연구가 있어 소개한다. 요약하면 나이가 들어도 새로운 뇌세포가 만들어진다는 내용이다. 인체는 세포로 구성돼 있다. 세포는 파괴되고 재생됨으로써 우리는 살아간다. 우리 몸의 세포는 두 가지 주요 방법으로 만들어진다. 첫째, 기존에 있던 세포가 체세포 분열(mitosis)을 통해 새로 복제된 세포가 만들어진다. 둘째, 줄기세포(stem cells) 분열 방식이다. 이 세포는 수가 적지만 몸 전체에서 발견되는 특별한 세포이다. 줄기세포는 체세포 분열로 자신의 복제품을 만들거나, '미분화' 상태일 때 '어떤 조건'을 잘 맞춰주면 다양한 조직으로도 분화할 수 있는 능력을 갖춘 세포이다.

모든 세포가 이렇게 파괴와 재생의 과정을 거치지만, 13세 이후부터는 뇌에서 새로운 세포가 만들어지지 않는다고 여겨왔다. 하지만 이 학설을 뒤집는 연구 결과가 나왔다. 미국 뉴욕 컬럼비아대 연구진에 따르면, 우리 뇌는 나이가 든 이후에도 지속해서 새로운 신경세포를 만들어 낸다고 한다. 연구진이 14~79세 28명에게서 기증받은 시신을 이용해 뇌 해마를 자세히 관찰한 결과, 성인의 뇌에서도 수천 개의 새로운 신경세포가 만들어진 사실을 확인했다. 이 연구 결과는 학술지 『셀 줄기세포』(Cell Stem Cell) 2019년 24권 6호에 게재됐다.

2018년 3월 7일, 미국 캘리포니아대학 샌프란시스코 캠퍼스 연구진이 세계적인 과학 저널 『네이처』에 발표한 연구 결과와는 대조적이다. 당시 캘리포니아대 연구진은 기증받은 시신 37구의 뇌를 분석한 결과, 13세 이후의 해마에서는 새로운 신경세포가 발견되지 않았다고 발표했다. 캘리포니아대 연구진은 "새로운 뉴런은 태아와 갓난아기에게서는 다량 발견됐지만 이후 급격히 줄어들었고, 18세 이상의 뇌에서는 전혀 발견되지 않았다"라고 밝혔다.

하지만 캘리포니아대 연구진의 연구에는 한계가 있었다. 당시 연구에 사용된 시신 37구는 모두 생전에 우울증이나 뇌 질환 등을 앓았던 환자들이었으며, 이들의 투병으로 인한 스트레스 등이 뇌세포 생성에 영향을 미쳤을 수 있다는 지적이 나왔다. 반면, 컬럼비아대 연구진의 연구에 사용된 시신 28구는 모두 건강한 상태에서 갑작스럽게 사망한 사람들의 것이었다. 연구진은 이러한 차이점이 결과에 영향을 미쳤을 가능성을 제기했다. [24)-27)]

탈모(hair loss)는 머리카락이 비정상적으로 빠지는 현상을 말하며, 다양한 원인에 의해 발생할 수 있다. 일반적으로 두피에서 발생하지만, 전신적인 문제로 인해 몸의 다른 부위에서도 나타날 수 있다. 탈수는 머리카락 건강에 부정적인 영향을 미치며, 심한 경우 탈모로 이어질 수 있다.

만성적인 탈수는 두피로의 혈류를 감소시킬 수 있다. 혈액 순환이 감소하면 모낭이 산소와 영양분을 충분히 받지 못해 건강한 머리카락을 생산하는 능력이 저하된다. 결과적으로 머리카락이 얇아지고, 쉽게 부러지며 손상되기 쉽다. 머리카락은 약 25%가 물로 구성되어 있어, 탈수 상태가 되면 심장과 뇌와 같은 중요한 기관에 물이 우선 공급되어 머리카락 성장에 필요한 수분이 부족해질 수 있다. 이에 따라 머리카락이 건조하고 부서지기 쉬워진다.

탈수된 머리카락의 증상은 다음과 같다. 건조함, 부서짐, 거친 질감, 곱슬곱슬함과 엉킴, 둔한 외관, 탈모 증가 등이 나타난다. 탈수된 머리카락은 자연스러운 윤기와 부드러움이 부족하고, 쉽게 부러지고 갈라진다. 머리카락의 보호막(cuticle)이 들떠 거칠고 불규칙하게 느껴진다. 또한 쉽게 엉키고 곱슬곱슬하며 생기 없이 보인다. 모낭이 약화하여 탈모가 촉진될 수 있다.

탈수로 인한 머리카락 문제를 예방하고 회복하기 위해서는 충분한 수분 섭취가 중요하다. 하루에 8~10잔의 물을 마시면 몸과 머리카락에 필요한 수분을 공급할 수 있다. 과일과 채소와 같은 수분이 많은 음식을 섭취하는 것도 도움이 된다. 비타민과 미네랄이 풍부한 식단을 유지하는 것이 중요하며, 비타민 B, 철분, 아연, 오메가-3 지방산 등이 모낭의 건강 유지에 필수적이다. 알코올과 카페인 섭취를 줄여야 하며, 특히 더운 날씨나 격렬한 신체 활동 중에는 수분을 충분히 섭취해야 한다.

천식(asthma)은 염증에 의해 기관지가 좁아져 호흡이 곤란해지는 만성 호흡기 질환이다. 지구상에 약 4억 명 정도의 환자가 있으며 매년 증가 추세이다. 특히 어린이와 고령층에서 증가하고 있다. 천식의 주요 증상은 밤이나 새벽에 기침을 많이 하며 들숨과 내쉼이 어려워지고, 호흡할 때 쌕쌕거리는 천명음(wheezing)을 낸다. 또한 가슴에 답답한 압박감을 느끼며, 발작이 없는 기간에는 증상이 거의 나타나지 않는다. [28)-29)]

천식 염증의 주요 원인으로 유전, 환경, 면역적 요인이 있다. 천식은 특정 유전적 변이가 있는 가족력이 존재하며 다양한 알레르겐과 오염 물질, 감염 등이 천식 발병을 증가시킨다. 면역계의 과도한 반응도 발병 요인으로 꼽을 수 있다. 천식 환자의 면역 시스템은 꽃가루, 먼지, 동물 비듬 등의 특정 알레르겐에 과민반응을 일으키며, 면역세포(T림프구, B림프구)가 활성화되어 염증 반응을 유발하고, 활성화된 B림프구는 면역글로불린 E(IgE) 항체를 생성하여 비만 세포와 호염기구에 결합한다. [30)]

비만 세포와 호염기구는 알레르겐에 노출되면 히스타민, 류코트리엔, 프로스타글란딘 등 염증 매개체를 방출한다. 이 매개체들은 기관지 평활근을 수축시키고, 혈관 투과성을 증가시켜 점액 분비를 촉진하며 염증을 유발한다. 염증 반응으로 인해 기관지 벽이 부어오르고, 점액 분비가 증가하며, 평활근이 수축하여 기관지가 좁아진다. 이러한 과정을 통해 천식 환자는 호흡 곤란, 천명음, 기침 등의 증상을 경험하게 된다.

히스타민의 역할은 알레르기 반응과 염증에서 잘 알려져 있으나 그 역할은 훨씬 더 다양하고 복잡하다. 히스타민은 신체의 다양한 생리적 과정에 관여하며, 이는 각각의 히스타민 수용체(H1, H2, H3, H4)에 의해 조절된다. 히스타민은 면역 반응의 주요 매개체로 작용한다. 히스타민에 의해 혈관이 확장되고 혈관 투과성이 증가하여 면역세포가 감염 또는 손상 부위에 더 효과적으로 접근할 수 있게 한다. [31]

또 중추신경계에서 히스타민은 신경 전달물질로 작용하여 수면 각성 주기, 식욕 조절, 체온 조절 및 기억과 학습과 같은 인지 과정을 조절한다. 천식의 경우, 히스타민은 기관지 수축을 유발하여 천식 증상을 악화시킬 수 있다. 이는 특히 탈수 상태에서 폐의 수분 손실을 줄이기 위한 신체의 반응으로 나타난다. 폐에서 방출된 히스타민은 기관지 경련을 일으켜 기도의 수분 증발을 줄이려는 역할을 한다.

또한 히스타민은 알레르기 반응 외에도 위산 분비, 심박수 조절 및 기타 평활근 활동에 영향을 미친다. 예를 들어, H2 수용체는 주로 위산 분비를 자극하며, H1 수용체는 알레르기 반응과 기관지 수축에 더 관련이 있다. 히스타민은 폐를 통과하는 기류의 속도를 줄이는 일을 맡고 있다. 그러한 기류는 폐포에 붙어 있는 세기관지의 수축을 유발한다. 또한 히스타민은 진하고 끈적이는 점액을 더 많이 생산하도록 촉진하는데 그 점액은 세기관지를 부분적으로 틀어막고 세기관지의 내벽을 보호해준다. 히스타민이 탈수 상태에서 이 모든 활동을 수행하는 이유는 몸의 정교한 통로를 보호하기 위한 것이다. 이들 통로는 외부의 공기와 직접적으로 연결되어 있어서 보호하지 않으면 쉽게 건조하고 말라붙을 수 있다.

인간은 호흡해야 생존할 수 있다. 그런데 숨 쉬는 것을 부분 통제해야 한다면 심각한 문제인데, 이는 수분 부족 때문이다. 몸은 생존을 위한 우선순위를 안다. 수분 부족으로 생긴 문제의 해답은 수분을 공급하면 해결된다. 하지만 천식의 출발점이 수분 부족이라는 인식이 없다 보니 먼저 스테로이드를 투약한다.

히스타민은 체내 수분 균형이 깨지면 수분 재분배를 조절하고 혈관을 확장하여 특정 부위로 더 많은 혈액을 보낸다. 그리고 천식은 질병이라기보다 인체의 탈수 위험을 알리는 신호이며 히스타민은 신체가 적절히 대응하도록 도와주는 물질이다. 필요에 따라 증상 완화를 위해 스테로이드(steroid)를 투여해야 하지만 항

히스타민제는 치료제가 아니다. 대증요법일 뿐이고 천식에 대한 근본적인 해답이 아니다. 해답은 충분한 수분 공급이다. 32)

알레르기(allergy)는 면역계가 특정 물질 알레르겐에 대해 과민 반응을 일으킬 때 발생한다. 알레르기의 피부 증상으로는 두드러기, 가려움증, 발진, 습진 등이 있으며, 호흡기 증상으로는 콧물, 재채기, 기침, 천식, 호흡 곤란이 올 수 있다. 소화기 증상으로는 복통, 구토, 설사, 안구 증상으로는 눈의 가려움, 충혈, 눈물 등이 있다. 심한 경우 생명을 위협할 수 있는 전신 알레르기 반응인 아나필락시스(Anaphylactic)가 발생할 수 있다.

아나필락시스는 특정 음식에 대한 심각한 알레르기 반응으로, 생명을 위협할 수 있다. 특히 갑각류, 어패류, 생선류, 동식물에서 이러한 알레르기 반응을 일으킬 수 있는 원인 식품들을 살펴보면 다음과 같다. 갑각류(crustaceans)인 새우, 게, 가재, 바닷가재에는 트로포미오신(tropomyosin)이란 단백질이 알레르기를 유발한다. 굴, 조개, 홍합, 전복, 오징어, 문어 등 어패류(mollusks)에는 트로포미오신, 아르기닌 키네이스(arginine kinase), 헴사이안틴(hemocyanin) 등이 아나필락시스 인자이다. 생선류(fish)에는 패린(parvalbumin)이란 단백질이 알레르기 반응을 유발하며 그 대표적인 생선은 갈치, 참치, 멸치, 고등어, 대구, 청어, 정어리 등이다. 동물 중 돼지고기, 낙타고기, 말고기도 아나필락시스를 유발하는 인자가 많다. 그 대표적인 것이 알파-갈(alpha-gal), 혈청 알부민(serum albumin), 젤라틴

(gelatin)이며, 우유나 유제품에 많이 포함된 카제인(casein)이나 유청 단백질(whey protein)도 알레르기를 유발한다. 특히 소의 젖에서 유래한 단백질에 민감한 사람은 유제품뿐만 아니라 소고기에도 반응할 수 있다. 33)-35)

체내 수분 부족은 점막을 건조하게 만들어 자극과 염증에 더 민감하게 하며, 이는 비염과 천식 같은 호흡기 알레르기를 악화시킬 수 있다. 탈수는 알레르겐 배출 능력을 저하시켜 알레르겐이 축적되고 알레르기 반응이 심해질 수 있다. 충분한 수분 섭취는 면역 기능을 유지하고 호흡기 점막 장벽을 지지하여 공기 중 알레르겐에 대한 방어선을 제공한다. 수분이 충분한 세포는 더 효율적으로 기능하며 알레르기 반응을 완화할 수 있다. 물을 정기적으로 마시고, 카페인이나 알코올 같은 이뇨제의 과도한 섭취를 피하는 것이 중요하다.

최근 10년간 알레르기 질환 환자가 꾸준히 증가했으며, 그중에서도 20대의 진단 비율이 가장 높은 것으로 나타났다. 그 이유가 무엇인가? 대기오염, 미세 먼지 등 환경 변화가 알레르기를 일으키는 환경으로 바뀌어 간다. 또 도시화와 실내 생활의 증가로 인해 알레르겐에 대한 노출이 변하고 있다. 거기에 가공식품과 당분이 많은 식단이 면역 체계에 영향을 미칠 수 있다. 또 성장기의 청소년들은 하루가 다르게 성장하기에 세포의 확장과 분열 과정에 엄청난 물이 필요하다. 물이 없다면 성장은 불가능하다. 또 끊임없이 움직이기에 다량의 물이 필요하다. 성장호르몬 자체도 많은 물을 요구한다. 그런데 적은 수분 공급과 화학물질이나 당이 함유된 제조 음료 등으로 채운다면 수분이 매우 부족할 수밖에 없다. 당연히 탈수 상태에 처하기 마련이다. 몸의 이러한 당연한 물 요구를 화학물질이나 당이 함유된 제조 음료 등으로 채우면 탈수를 일으켜 히스타민의 작동으로 알레르기 반응이 생기게 된다.

히스타민은 체내 수분 조절을 통괄하는 호르몬이다. 물이 부족하면 수분 우선 공급 순위에 의해 뇌를 비롯한 생명 유지에 급한 기관에 먼저 공급하고 순위에서 밀린 곳에 물 공급을 제한하는데 알레르기가 그 반응 중 하나이다.

우리 몸은 외부의 세균이 침입하면 방어한다. 일례로 감기에 걸리면 목이 붓고 열이 나고 콧물과 기침을 한다. 이때 해열제를 처방한다. 왜 몸이 열을 내는가? 침입한 균을 잡기 위해 백혈구를 더 많이 보내려고 혈액 순환을 가속하자 열이 나는 것이다. 그러므로 열은 병이 아니라 균을 잡기 위한 활동이다. 왜 콧물이 나오는가? 히스타민을 통해 점액을 내놓고 그것으로 이물질을 쌓아 배출하기 위한 방어 활동이다. 이렇게 생긴 가래와 점액을 내뱉기 위해 기침한다. 기침도 질병이 아니라 가래와 점액을 배출하여 몸을 스스로 지키기 위한 일종의 자위행위이다. 그러므로 해열제는 근본 치료가 아니며 최고의 해열제는 물이다.

고혈압(hypertension)이 왜 생기는가? 여러 요인으로 뇌와 말초까지 혈액 공급이 힘들어 몸의 생존을 위해 혈압을 높인다. 그러면 혈압이 높아지는 여러 요인을 찾아보자.

첫째, 혈액 부족이다. 혈액은 혈구와 혈장으로 이뤄졌다. 이중 혈구 중 적혈구는 45%, 백혈구와 혈소판은 1% 미만을 차지하며, 나머지 55% 정도는 혈장이 차지한다. 그리고 이 혈장(血漿, plasma)의 92%가 수분이다. 이 혈장이 줄어드는 이유는 적은 수분 섭취와 음주, 커피 등 카페인 음료 등 이뇨를 부르는 합성 음료 때문이다. 그 결과 혈액이 줄어들게 되면 혈관의 압력 저하로 저혈압이 된다. 이때 인체는 생존을 위해 혈압을 강제로 올리는데 이것이 고혈압이다.

둘째, 수분 부족은 혈액을 끈적끈적하고, 탁하게 만든다. 혈액이 이렇게 되면 혈관이 상처를 입고, 때가 끼기 쉬워 혈관이 빠르게 망가진다. 또 혈액을 멀리까지 보내기 위해 심장 박동을 세게 해야 하니 혈압이 오르게 된다. 수분 부족은 이런 악순환을 만든다. 이런 현상으로 심장이 과부하에 걸리면 심혈이 넘쳐 빈맥, 부정맥, 협심증 같은 병이 생긴다. 심장이 빨리 뛰고, 불규칙하게 뛰고, 숨쉬기 힘든 경우, 심장에 통증이 있는 사람은 혈액 부족으로 심장이 지치고 열을 받아서 생기는 증상이다.

셋째, 혈관 문제이다. 혈관은 혈액을 통해 영양, 미네랄, 효소를 인체에 공급하고 노폐물을 교환하는 통로이다. 여러 이유로 혈관 벽의 탄력이 떨어지고 콜라젠이 부족해져 혈관 내피세포가 손상을 입게 되면 손상된 혈관에 나쁜 콜레스테롤(oxidized LDL)과 당독소(glycotoxin)가 달라붙어 혈관 경화와 죽상 동맥경화가 일어난다. 노화나 콜라젠 부족, 산화된 콜레스테롤, 당독소, 남아도는 칼슘의 침착 등으로 혈관 벽이 딱딱해지거나 죽상 동맥경화가 생기면 혈관이 굳고, 좁아지고, 막혀서 혈관 벽에 미치는 압력이 상승하게 된다. 교감신경의 항진으로 심장 박동이 증가하고 혈관이 수축하여 혈압이 높아진다.

넷째, 비만이다. 오염된 식생활과 생활 습관은 혈액에 독과 염증 물질을 쌓아 석회, 혈전, 점액이 생겨 혈관을 상하고 막는다. 또 인체는 독소와 염증 제거를 위해 지방을 생산한다. 결과 혈관이 좁아지고 혈액은 끈적끈적하고 탁해져 혈압이 높아진다. 거기에 살이 찐 만큼 혈액을 멀리 보내려면 압력을 높여야 하기에 혈압을 높이게 된다. 이렇듯 수분 부족이 만든 악순환이 인체를 망가뜨리고 있다. 그럼 고혈압 치료를 위한 약물이 어떤 작용 방식을 따라 사용되며 그 결과가 무엇인가를 나눠보자.

약리 작용으로 본 고혈압 약과 그 부작용은 다음과 같다.
첫째, 이뇨제(diuretics)이다. 이뇨제는 체내의 염분과 수분을 배출하여 혈액량을 줄여 혈압을 낮추는 방식으로 전해질 불균형, 저칼륨혈증, 탈수, 고혈당이란 부작용을 일으킨다.

둘째, 베타 차단제(beta-blockers)로 심장의 박동수를 줄이고 심박출량을 감소시켜 혈압을 낮추는 방식으로 피로, 우울증, 성기능 장애, 천식 악화의 부작용이 있다. 셋째, ACE 억제제(angiotensin-converting enzyme Inhibitors)로 이는 안지오텐신 2의 생성을 억제하여 혈관을 확장해 혈압을 낮춘다. 부작용으로는 마른기침, 고칼륨 혈증, 신부전 등을 일으킨다.

넷째, 안지오텐신 2 수용체 차단제(angiotensin II receptor blockers, ARBs)로 안지오텐신 2가 혈관을 수축시키는 것을 차단하며 고칼륨 혈증, 어지럼증, 신부전을 일으킨다. 다섯째, 칼슘 통로 차단제(calcium channel blockers)이다. 이는 칼슘이 심장과 혈관의 근육세포에 들어가는 것을 차단하여 혈관을 확장하고 심박수를 줄인다. 부작용으로는 부종, 두통, 어지럼증, 변비 등을 일으킨다.

여섯째, 알파 차단이다. 알파 차단제(alpha-blockers)는 혈관의 알파 수용체를 차단하여 혈관을 확장하며 부작용으로는 기립성 저혈압, 두통, 피로를 만든다. 일곱째, 중추 작용 항고혈압제이다. 이는 중추신경계에서 교감신경의 활동을 억제하여 혈압을 낮추며 졸음, 건조한 입, 변비, 우울증 등을 유발한다.

고혈압 약의 작동 원리를 살펴본 것에 의하면 이는 혈압을 올리게 된 근본 원인을 제거하는 것이 아니라 증상을 없애기 위한 대증요법(對症療法) 이상도 이하도 아니라는 것이 분명하다.

고혈압을 없애기 위한 근본적인 접근이 필요하다. 고혈압은 수분 부족에서 출발한다. 수분 부족으로 뇌에 혈액이 공급이 부족하니 저혈압이 된 것이다. 이 위기를 극복하기 위해 몸은 강제로 혈압을 올린다. 이것은 생존을 위한 인체의 자위행위이다. 이때 혈액을 늘려 혈압을 정상적으로 올리는 것이 맞고, 물을 공급하여 혈장을 증가시키면 혈압은 정상을 되찾게 된다. 그런데 생명을 지키기 위해 만든 고혈압을 병으로 보고 약물을 사용하여 강제로 혈압을 낮추니 여러 부작용이 생길 수밖에 없다. 고혈압은 병이 아니다. 증상일 뿐이다.

사건보다 해석이 더 중요하다. 고혈압을 해결하기 위해서는 원인을 제거하면 된다. 곧 수분을 충분히 섭취하는 것이다. 그리고 탈수를 유발하는 알코올과 카페인을 포함한 합성 음료 섭취를 줄이고, 혈액을 오염시키는 나쁜 콜레스테롤, 고혈당, 미네랄을 산화시키는 화식 위주의 식습관을 고쳐 혈관을 망가뜨리는 것을 막는 것이다. 대신 살아있는 미네랄이 듬뿍 들어있는 신선한 과일과 채소를 먹는 식생활 개선으로 살아있는 미네랄을 섭취하면 된다. 그러면 혈액과 혈관이 건강하게 바뀌게 되고 비만, 고혈압 등이 사라지게 된다. 36)-38)

이제 혈압에 관한 일반적인 사항을 살펴보려고 한다. 권장 혈압의 기준은 과학적 연구와 임상 데이터를 바탕으로 여러 단계의 검토 과정을 통해 설정된다. 주요 과정은 다음과 같다. 임상 시험을 통해 다양한 인구 집단의 혈압 데이터와 심혈관 질환의 발생률, 사망률 사이의 상관관계를 분석한다. 의학 전문가로 구성된 패널이 연구 결과를 검토하고, 이를 토대로 기준을 작성한다.

예를 들어, 미국심장협회(AHA)와 미국심장학회(ACC)는 2017년 고혈압 지침을 발표하면서 고혈압의 기준을 140/90mmHg에서 130/80mmHg로 낮췄다. 최신 연구 결과와 기존 지침을 비교하여 필요할 때 기존 기준을 수정한다. 특정 혈압 목표를 달성하기 위한 치료법의 효과를 평가한다. 각국의 지침을 비교하고 세계보건기구(WHO) 등 국제기구의 권장 사항과 조화를 이루기 위해 노력한다. 혈압 기준은 정기적으로 검토되어 최신 연구 결과와 의학 발전을 반영하여 수정된다. 이러한 과정을 통해 만들어진 혈압 지침은 의사들이 환자를 진단하고 치료하는 데 중요한 기준으로 사용된다. 예를 들어, 미국심장협회와 미국심장학회는 고혈압 환자에게 약물 치료와 생활 습관 변화를 통해 혈압을 130/80 mmHg 이하로 유지할 것을 권장하고 있다.

혈압은 혈관에서 혈액이 들고 나는 힘을 측정한 것이다. 이 힘은 두 가지로 구분된다. 수축기(최고) 혈압과 이완기(최저) 혈압이다. 수축기 혈압은 동맥 내부에서 가파르게 상승하는 힘이다. 좌심실은 좌심방에서 승모판을 통해 내려온 혈액을 강한 수축을 통해 동맥 안으로 밀어낼 때 혈관 벽이 받는 압력이 수축기 혈압이고 이 힘의 정상 범위는 80~120mmHg이다. 또한 몸을 돌고 되돌아온 혈액을 받아들이기 위해 심장이 늘어날 때 압력이 가장 낮은데, 이때 혈압이 이완기 혈압이고 정상범위는 60~80mmHg이다.

두 혈압 차이는 중요한 의미가 있다. 동맥 내의 혈액이 새로운 피가 밀려 들어오므로 휘어진다. 그렇게 함으로써 혈액 속의 무거운 요소가 정체 구역에 침전하지 않도록 막는다. 또한 그 차이는 모세혈관 내의 작은 구멍으로 일부 맑은 혈청을 통과시켜 혈액 청소를 위해 신장 내의 여과 구역으로 밀어 넣기 위한 추가 압력을 의미한다. 한편 이완기 혈압은 몸의 모든 혈관을 채워 어느 곳도 비어있지 않게 하는 데 중요한 의미가 있다.

이완기 혈압이 정상범위보다 높다는 것은 애써 혈액을 순환시키는 과정에서 혈관이 상당히 많은 압력을 받고 있다는 뜻이다. 이렇게 되면 혈관이 탄력을 잃고 두꺼워진다. 반대로 이완기 혈압이 정상보다 낮으면 뇌에 영향을 미친다. 뇌로 향하는 동맥 내의 압력이 부족하면 뇌의 핵심 중추에 산소가 제대로 이르지 못하게 된다. 그 결과 어지러움을 느끼고 중심을 잃게 된다.

고혈압 환자의 95%는 본태성 고혈압이다. 이 병명은 고혈압이 왜 생기는지 모른다는 말이다. 이렇게 원인을 모르면서 증상을 줄이기 위해 약물을 사용한다. 그 결과는 부작용이다. 대부분 나이가 들면 혈압이 상승한다. 밝혀진 것에 의하면 나이가 들면서 체내에 수분이 부족해져 만성 탈수가 자리를 잡는다. 이 탈수를 알리는 신호가 고혈압이다.

혈관은 혈액 용적 내에서 반복되는 파동과 혈액을 공급받는 조직의 순환 요구를 감당하도록 설계되어 있다. 혈관에는 미세한 구멍이나 관강이 있어 열렸다 닫혔다 하면서 내부의 혈액량을 조정한다. 탈수는 공급량에 비해 소실량의 차이를 채우지 못해 일어난다. 몸의 수분 소실 가운데 66%는 체내 세포가 보유하고 있던 물이며, 26%는 세포 외부의 체액에서 유실되고, 8%는 혈액 순환에 참여했던 물에서 유실된다.

순환계는 이 8%의 손실에 적응하기 위해 자신의 용적을 줄인다. 처음에는 말초의 모세혈관을 폐쇄하는 것으로 시작해서 마침내 보다 큰 혈관이 스스로 혈관 벽을 조여 수분 유실로 인해 빈틈이 생기지 않도록 막는다. 이렇게 혈관 벽이 조여짐에 따라 동맥 내의 긴장이 올라가게 된다. 이것이 바로 고혈압이다. 만약 빈틈을 메우기 위해 혈관이 조여지지 않는다면 혈액으로부터 기체가 분리되어 그 공간을 채우게 되면서 기체의 정체 상태(gas locks)가 된다.

혈관을 조이는 또 하나의 요인은 동맥 안의 혈액량을 압축하고 그로부터 걸러낸 물을 뇌세포 등의 핵심적인 일부 주요 세포에 투입해야 하기 때문이다. 혈관 벽을 조여서 얻어낸 힘은 인체의 역삼투 체계를 관리하는 데에 쓰인다. 이 역삼투 체계는 핵심 세포들을 살리기 위한 위기관리 프로그램이다. 물은 세포막의 작은 구멍 다발을 통해 체내의 선택된 세포들 속으로 밀고 들어간다. 이 두 혈압 간의 측정치 차이는 정상적인 상황에서 인체의 몇몇 핵심 세포 안으로 물을 배달하는 데 필요한 힘의 범위이다. 몸이 점점 더 탈수되어감에 따라 물을 여과하여 핵심 세포 속으로 넣기 위해서는 더 큰 압력이 필요하게 된다. 몸속에 물이 적을수록 핵심 세포들을 수화(hydration)시키는 데 더 큰 압력이 요구된다.

이때 인체는 자력갱생을 위해 히스타민과 항이뇨호르몬인 바소프레신을 만들어 낸다. 체내의 특정 세포들은 바소프레신에 민감하게 반응한다. 바소프레신 호르몬이 민감한 곳을 자극하면 세포막에는 미세한 구멍들이 열리고 혈청이 그 공간을 가득 채우면서 혈청의 물 성분이 구멍을 통해 걸러지는데 그 구멍의 크기는 물 분자 하나만 통과할 정도이다. 바소프레신은 혈관이란 말의 '바소'(vaso)와 압축을 의미하는 (press)라는 그 이름이 암시하듯이 주변의 혈관들을 조이는 데 앞장선다. 이렇게 혈관을 조임으로써 혈관의 구멍을 통해 혈청과 그 물 성분을 밀어내도록 압축하게 된다. 이 물의 일부가 세포 속으로 다시 밀려들어 가야 할 때 꼭 필요한 작용이다.

탈수나 히스타민 생성과 관련된 또 하나의 수분 조절 시스템은 뇌의 레닌-앤지오텐신(RA)계이다. 레닌-앤지오텐신의 생산은 갈증을 감지할 수 있게 하고 수분 섭취를 늘리게 해준다. 그것은 또한 혈관을 다소 조이게 하는 작용을 하며 고혈압을 일으키는 지배적인 요인이다. 레닌-앤지오텐신 체계의 활동이 특히 눈에 띄는 곳은 신장이다. 신장은 소변을 집결하고 생산하는 한편 물을 저축해야 한다. 신장은 수분 부족을 인식하고 내재하여 있는 레닌-앤지오텐신계를 촉진함으로써 소변 생산을 위해 좀 더 많은 물을 소집한다. 마침내 레닌-앤지오텐신계는 몸이 충분히 수화될 때까지 염분의 섭취와 보유를 조종하도록 자극한다.

뇌는 그 자체의 독립된 레닌-앤지오텐신 체계를 가지고 있다. 수분이 부족하게 되면, 이 사실을 감지하는 중추가 활성화되어 신경전달 물질인 히스타민을 생산하게 되며, 이 히스타민은 뇌의 레닌-앤지오텐신 체계를 활성화한다. 몸이 세포 내부에서 탈수를 일으키게 되면 그와 동시에 혈압이 상승하게 된다. 그러한 경향은 소금을 보유하기 시작하면서 나타나는데 소금은 역삼투 과정을 시행하는 데에 필수적인 요소이다. 몸은 부종액(edema fluid) 형태로 물을 모으는데, 부종으로부터 여유분의 물을 걸러내어 핵심 세포 속으로 투입한다.

이러한 염분 보유를 위한 활동을 중단시키는 유일한 방법은 세포 내외의 균형을 이루도록 충분한 수분과 약간의 염분을 포함한 필수 미네랄을 섭취하는 것이다. 이렇게 자유롭게 쓸 수 있는 수분이 주어지면 세포막을 통해 아주 빠르게 물이 확산한다. 세포막을 통한 물의 확산은 1초당 0.001cm로 이는 실로 빠른 속도이다. 물 자체가 이렇게 자연스럽고 빠르게 확산하기에 물은 가장 좋은 천연 이뇨제이다. 물 공급으로 소변량이 늘어나면 과다하게 보유한 염분은 서서히 소변으로 배출된다. 물이 가장 효과적인 부종 제거제인 이유는 바로 그 때문이다. 혈액을 묽게 하도록 역삼투 공정과 레닌-앤지오텐신 체계에 의존하여 억지로 소변을 재활용하기 위한 활동이 필요 없게 된다. 이것이 본태성 고혈압의 전모이고 해결 방법이다.

스트레스는 신체의 다양한 생리적 반응을 유발하며 이는 종종 체액 균형에 영향을 미칠 수 있다. 스트레스가 탈수로 이어지는 주된 메커니즘 중 하나는 코르티솔과 같은 스트레스 호르몬의 증가이다. 스트레스 상황에서 부신은 코르티솔을 분비한다. 이 호르몬은 체내의 수분 및 전해질 균형을 조절하는 데 중요한 역할을 한다. 코르티솔의 증가는 신장에서 나트륨 재흡수를 촉진하고, 이는 체액 보유를 증가시키며 동시에 소변 생산을 증가시켜 탈수를 유발한다.

스트레스는 자율신경계의 활동을 증가시켜 땀 분비를 촉진한다. 과도한 땀 분비는 체내 수분 손실을 초래하며 이는 적절한 수분 섭취가 이루어지지 않을 때 탈수로 이어진다. 또한 스트레스는 식습관에도 영향을 미쳐, 일부 사람들은 스트레스 상황에서 물을 충분히 마시지 못하거나 커피나 알코올 같은 이뇨작용을 하는 음료를 더 많이 섭취하게 되어 탈수를 촉진할 수 있다. 39)-41)

암(cancer)은 탈수로 인한 DNA 변화와 관련될 수 있다. 탈수는 세포 내 산화 스트레스를 증가시켜 활성산소종(ROS)의 생성을 촉진한다. 이러한 활성산소는 DNA 손상을 유발할 수 있으며, 이는 돌연변이나 암 발병과 관련될 수 있다.

또한, 수분 부족은 세포분열 과정에서 유전체 안정성을 유지하는 데 필요한 효소와 단백질의 기능을 저하할 수 있다. 이는 복제 오류 및 DNA 재조합 오류를 증가시킨다. 탈수는 DNA 수리 기전을 담당하는 단백질과 효소의 활동을 방해하여 손상된 DNA의 수리가 지연되거나 제대로 이루어지지 않을 수 있다. 42)-45)

수분이 충분한 곳에 암이 생기지 않는다. 인체에서 심장과 소장에는 거의 암이 생기지 않는다. 옛날에는 심장을 염통(鹽桶)이라고 불렀다. 소금 통이라는 뜻이다. 소금은 수분을 달고 다니는 화학적 성질이 있다. 염분이 많은 곳에는 수분도 많다는 의미이다. 우리가 음식을 짜게 먹은 후 목이 마르는 것도 이러한 사실을 말하는 것이다. 그래서 적정량의 소금과 물이 충분한 심장과 소장에는 좀처럼 암이 생기지 않는다. 46)

몸은 그 효율성을 유지하기 위해 수많은 화학 공정을 운용하며 수분이 부족할 때 느낌으로 말을 걸어온다. 이 부분은 이미 앞에서 언급한 내용이다. 같은 말을 해도 말귀를 못 알아듣는 사람들이 있다. 아무리 설명해도 이해하지 못하는 사람은 분별력이 부족한 사람이다. 이런 현상은 세포도 마찬가지다. 탈수된 세포는 분별력을 잃는다. 47)

손상된 암세포의 회복과 수분의 상관관계를 이렇게 설명할 수 있다. 수분은 신체의 거의 모든 생리적 과정에 필수적인 요소이며, 특히 세포 회복 및 재생에 중요한 역할을 한다. 암세포의 손상 회복과 수분의 관계에 대한 주요 개념은 다음과 같다. 충분한 수분 섭취는 세포 내 대사 과정과 효소 활동을 촉진하여 손상된 세포의 회복을 돕는다. 이는 암세포가 아닌 정상세포의 재생 촉진에 중요한 역할을 한다.

DNA 회복 시스템은 복잡하다. 이러한 시스템 가운데에는 잘못된 DNA 복제를 잘라내고 재접합하며, 오류를 바로잡는 일에 관여하는 작은 효소가 있다. 1985년 클로드 헬렌(Claude Helen)의 발견으로 세상에 알려진 이 효소는 라이신-트립토판-라이신으로 구성되어 있다. 그러나 탈수는 이 공정도 소용없게 만든다. 48)

단백질 키나아제 효소는 세포 내부의 새로운 단백질 제조에 관여한다. 프로테아제는 단백질의 한 부류로서, 재순환 과정을 위해 효소를 사용해 이미 만들어진 단백질을 분해한다. 이러한 균형 과정은 체내의 모든 세포 내에서 끊임없이 진행되고 있다. 운동하면 새로운 근육을 만들어줄 효소가 활성화되지만, 운동하지 않으면 이미 만들어진 근육을 분해하는 효소가 활성화된다. 어느 경우든 물과 그 속에 함께 운반되는 요소들은 그와 같은 균형 공정에 주요하고 긍정적인 역할을 맡는다.

탈수는 이러한 요소들에 또 다른 영향력을 행사한다. 지속적인 탈수 상태에서는 세포 내 프로테아제의 활동과 단백질의 분해가 우세해진다. 그로 인해 세포는 다양한 체내 호르몬들의 생리적 명령을 전달하게 해주는 세포막 수용체의 생성을 점점 줄이게 된다. 이것을 수용체 하향 조절(receptor down-regulation) 공정이라고 한다.

물은 체내 노폐물과 독소를 배출하는 데 중요한 역할을 한다. 이는 손상된 세포의 회복 과정에서 발생하는 부산물을 효과적으로 제거하는 데 도움이 된다. 또한 적절한 수분 섭취는 세포막의 안정성을 유지하여 세포 간 신호전달을 원활하게 하고 이는 세포의 손상 회복을 촉진한다. 그리고 수분은 면역 세포의 기능을 최적화하여 암세포와 같은 비정상 세포의 제거를 돕는다.

당뇨병(diabetes mellitus)은 유전적 요인과 환경적 요인이 복합적으로 작용하는 질환이다. 여러 연구에서 TCF7L2, HNF1A, HNF4A와 같은 유전자가 제2형 당뇨병의 발병 위험을 증가시키는 것이 알려졌다. 또한 제1형 당뇨병의 경우 HLA 유전자군이 중요한 역할을 하며 이는 면역 체계의 자가면역 반응과 관련이 있다.

환경적 요인은 생활 습관과 관련이 깊다. 비만, 특히 복부 비만은 제2형 당뇨병의 주요 위험 요인으로 알려져 있으며, 이는 인슐린 저항성과 밀접한 관련이 있다. 또한 식이 습관, 신체 활동 부족, 스트레스, 수면 부족 등도 당뇨병의 위험을 증가시킨다. C형 간염 바이러스 감염도 당뇨병 발병과 관련이 있다.

희망적인 연구도 있다. 유전은 반드시 실현되는 것이 아니라 생활 습관을 바꾸면 그 유전 요인이 발현되지 않는다는 것이다. 유전 인자가 발현되지 않도록 조절하는 방법에는 여러 가지가 있다. 주로 에피제네틱(epigenetic) 조절 작동 원리를 통해 이루어지며, 이는 DNA의 염기 서열을 변경하지 않고 유전자 발현을 조절하는 것을 의미한다. 주요한 에피제네틱 메커니즘은 다음과 같다. 49)

DNA 메틸화는 사이토신 염기에 메틸기를 추가하여 유전자 발현을 억제하는 과정이다. 메틸화된 DNA는 전사 인자가 결합하지 못하게 하여 유전자의 발현을 막는다. 예를 들어, 종양 억제 유전자의 프로모터가 과도하게 메틸화되면 해당 유전자가 발현되지 않게 되어 암 발생 위험이 증가할 수 있다.

히스톤 단백질의 화학적 수정도 유전자 발현을 조절하는 중요한 방법이다. 히스톤 아세틸화는 일반적으로 유전자 발현을 촉진하며, 히스톤 메틸화는 위치에 따라 유전자 발현을 억제하거나 촉진할 수 있다. 예를 들어 히스톤 H3의 리신 27이 트리메틸화되면 해당 유전자의 발현이 억제된다.

비암호화 RNA, 특히 긴 비암호화 RNA(lncRNA)는 특정 유전자 영역에 결합하여 유전자 발현을 조절할 수 있다. 이러한 lncRNA는 크로마틴 리모델링 복합체를 모집하여 특정 유전자의 발현을 억제하거나 촉진할 수 있다.

환경적 요인도 에피제네틱 변화를 유도하여 유전자 발현에 영향을 미칠 수 있다. 예를 들어, 식습관, 스트레스, 화학물질 노출 등은 DNA 메틸화 패턴을 변화시켜 특정 유전자의 발현을 조절할 수 있다. 이런 방식으로 유전적 소인이 있는 사람도 환경 요인에 의해 유전자의 발현이 달라질 수 있다. 50)

수분 공급이 당뇨병의 유전 인자 발현에 영향을 줄 수 있다는 연구는 아직 초기 단계에 있지만 몇 가지 중요한 단서를 제공한다. 탈수는 당뇨병 환자에게 혈당 조절에 부정적인 영향을 미친다. 한 연구에 따르면 수분 섭취를 제한한 당뇨병 환자들이 포도당 내성 검사에서 더 나쁜 결과를 보였으며 인슐린 저항성과 민감도 지수가 악화하였다. 이는 수분 부족이 혈당 조절을 어렵게 만든다는 것을 보여준다. 아르기닌 바소프레신(AVP)은 탈수 시 분비되는 호르몬으로, 이는 간과 췌장에서 포도당 출력을 촉진하고 인슐린 저항성을 증가시키며 혈당을 상승시킬 수 있다. 따라서 충분한 수분 공급은 아르기닌 바소프레신 수치를 낮춰 이러한 대사 장애를 줄이는 데 도움이 될 수 있다.

영양소와 같은 환경적 요인은 유전자 발현에 에피제네틱 변화를 일으킬 수 있다. 예를 들어 적절한 수분 섭취는 스트레스 호르몬인 코르티솔 수치를 조절하고, 이는 다시 혈당 조절에 긍정적인 영향을 미친다. 이는 에피제네틱 메커니즘을 통해 유전자 발현에 영향을 미치는 하나의 예로 볼 수 있다. 51)-53)

변비(constipation)는 급성 변비와 만성 변비로 나눌 수 있으며,

각각의 정의와 원인은 다를 수 있다. 급성 변비는 여행 중이거나 식습관의 일시적 변화, 갑작스러운 스트레스, 진통제, 철분 보충제, 항우울제 등 특정 약물 복용, 또는 장폐색 등으로 인해 발생할 수 있다.

반면, 만성 변비는 원인에 따라 크게 기질성 변비와 기능성 변비로 나뉜다. 기질성 변비는 대장암, 직장암, 항문질환, 당뇨병, 척추질환 등으로 인해 발생하며, 이러한 원인을 치료하면 변비가 해결될 수 있다. 기능성 변비는 일반 대장 검사로는 진단하기 어렵고, 특수한 직장 항문 생리 검사를 통해 진단된다. 만성 변비는 이완성변비, 직장형 변비, 경련성변비로 세분되며, 각각의 증상과 치료법이 다르다. 변비의 합병증으로는 치핵, 직장 탈출증, 항문 열구, 게실 질환, 대변 매복 등이 있으며, 장기적인 관리가 필요하다.

변비의 주요 원인 중 하나는 탈수로, 체내 수분이 부족할 경우 대변이 딱딱해지고 배출이 어려워진다. 충분한 수분 섭취는 대변을 부드럽게 하여 배출을 돕는다. 또한, 섬유질이 부족한 식사, 신체 활동 부족, 특정 약물의 장기복용, 당뇨병, 갑상선 기능 저하증, 과민성 대장 증후군(IBS) 등도 변비를 유발할 수 있다. 결론적으로, 변비는 생활 습관과 기저 질환에 밀접한 연관이 있으며, 적절한 수분 섭취와 건강한 식습관이 중요하다.[54]

변비 탈출을 위해 생활 개선이 필요하다. 식이 활동을 바꾸는 것이 중요하다. 특히 섬유질이 풍부한 음식을 섭취하는 것이 도움이 된다. 채소, 과일, 통곡물 등이 좋은 섬유질 공급원이다. 하루 권장 섬유질 섭취량은 약 25~30g으로, 섬유질이 변을 부드럽게 하고 장의 운동을 촉진한다. 다음은 장의 유익균인 프로바이오틱스를 포함한 발효식품이 장 건강에 도움을 줄 수 있다. 그리고 규칙적인 신체 활동은 장운동을 촉진하여 변비 예방에 큰 도움이 된다. 특히 걷기, 자전거 타기, 수영 등의 유산소 운동이 장의 움직임을 활발하게 만든다.

규칙적인 배변 습관이 중요하다. 배변(排便) 신호를 느낄 때 즉시 화장실에 가는 것이 좋으며, 아침 식사 후에 화장실에 가는 습관을 들이면 장의 자연스러운 움직임을 촉진할 수 있다. 변비는 스트레스와도 연관이 있다. 만성적인 스트레스는 장의 운동을 저하하며, 심리적인 요인이 과민성 대장 증후군(IBS)을 악화시키기도 한다. 명상, 요가, 규칙적인 수면 등의 스트레스 관리기법이 도움이 될 수 있다. 변비가 심하거나 생활습관 개선으로 호전되지 않을 경우, 의사의 처방에 따라 약물치료를 받을 수 있다. 완하제, 팽창성 하제, 삼투성 완하제 등이 사용될 수 있으며, 필요시 전문 의료진과 상담하여 적절한 치료법을 찾는 것이 중요하다. 그리고 충분한 수분 섭취는 변비탈출의 핵심이며 차나 커피 등의 카페인 음료는 이뇨 작용을 촉진해 수분 부족을 초래할 수 있으므로 주의가 필요하다.

폐색전증(pulmonary embolism, PE)은 주로 다리 정맥에서 형

성된 혈전이 폐로 이동하여 폐동맥을 막아 발생한다. 주요 원인과 위험 요인은 다음과 같다. 심부전 및 심장마비 병력이 있는 경우 혈전 발생 위험이 증가한다. 특히 뇌, 난소, 췌장, 대장, 위, 폐, 신장 등의 특정 암과 항암 치료는 혈전 위험을 증가시킨다. 또한 장거리 여행, 침대 휴식 등 오랜 시간 움직이지 않아 혈류가 느려져 혈전이 생길 수 있다. 흡연과 비만도 혈전을 만들 수 있다.

폐색전증의 증상은 다양하다. 활동 중이거나 휴식 중일 때 갑작스러운 호흡 곤란, 빠른 호흡과 흉골 뒤쪽에서 흉통이 발생할 수 있다. 또한 혈액이 섞인 기침, 심장이 더 빠르게 뛰는 느낌이 들 수 있다. 그리고 다리에서 통증과 부기가 발생할 수 있는데 혈전의 징후일 수 있다.

충분한 수분 섭취는 혈액 순환을 원활하게 하고, 혈전 형성 위험을 줄이는 데 도움이 된다. 탈수는 혈액을 농축시켜 혈전 발생 가능성을 높일 수 있다. 특히 장기간의 비행이나 여행 중에는 충분한 물을 섭취하여 탈수를 방지하는 것이 중요하다. 55)

염증으로 알 수 있는 탈수

탈수는 체내 염증에 다양하게 영향을 준다. 첫째, 탈수는 체액 부족과 전해질 불균형을 만든다. 탈수로 체내 수분이 감소하면 혈장량이 줄어들고 혈액이 농축된다. 이에 따라 전해질의 균형이 깨지게 된다. 특히 나트륨과 칼륨 같은 중요한 전해질의 농도가 변동된다. 전해질 불균형은 세포막의 전위차에 영향을 미쳐 면역세포의 기능에 중요한 역할을 하는 이온 채널과 수용체의 작동을 방해한다.

둘째, 탈수는 세포 신호전달에 변화를 초래한다. 탈수는 세포 간 신호전달에 필요한 물질들의 이동을 제한한다. 특히 세포막을 통한 물질 이동이 제한되면 면역세포가 외부 신호를 받아들여 적절하게 반응하는 능력이 저하된다. 이러한 변화는 면역세포의 활성화 및 반응에 필요한 신호전달 경로에 영향을 미치고 궁극적으로는 면역 반응 조절을 방해한다.

셋째, 탈수는 면역세포의 과도한 활동을 초래한다. 탈수로 인해 염증 매개 물질인 사이토카인, 케모카인 등의 생산과 분비가 변형된다. 이는 대식세포, T세포, B세포 등의 면역세포를 지나치게 활성화시킨다. 예를 들어 탈수 상태에서는 IL-1, IL-6, TNF-α 등의 프로인플라메토리 사이토카인 발현이 증가하여 염증 반응이 과도해진다.

넷째, 탈수는 산화 스트레스 수준을 증가시킨다. 이는 세포 손상을 유발하고, 염증 반응을 촉진하는 활성산소종(ROS)의 생산을 늘리게 된다. 산화 스트레스는 면역세포의 기능을 저하고 염증 반응을 증폭시킨다.

다섯째, 탈수는 세포 사멸(apoptosis)과 조직 손상을 증가시킨다. 탈수 상태가 지속되면 세포 사멸과 괴사가 증가하여 조직 손상이 발생한다. 이러한 손상은 면역 체계의 경고 신호로 작용하여 염증 반응을 촉진하고 조직 회복 과정에서 과도한 염증 반응이 일어나게 된다.

이렇게 탈수는 인체에 심각한 문제를 일으킨다. 물은 단순히 물이 아니다. 물은 수많은 염증을 예방하고 다수의 염증을 없애는 최고의 치료제이다. 56)

위염(gastritis)은 위 점막에 염증이 생기는 질환으로 급성과 만성으로 나뉜다. 위(胃)는 소화기관 중 가장 큰 내강을 가진 장기로 식도와 십이지장 사이에 있다. 위는 네 부분으로 나뉘는데 위저부, 위체부, 전정부, 유문부로 구성된다. 위의 벽은 점막, 근육층, 외막으로 이루어져 있으며 음식물의 소화를 돕기 위해 강한 산성과 효소가 포함된 위액을 분비한다. 위벽의 근육층은 세 겹으로 구성되어 있어 음식물을 쥐어짜고 섞는 운동을 한다. 위액은 위산(염산)과 소화효소인 펩신을 포함하고 있어 단백질 소화를 촉진한다. 급성 위염의 주요 원인은 과도한 알코올 섭취, 흡연, 스트레스, 아스피린 등 특정 약물 사용, 헬리코박터 파일로리 및 세균 감염 등이 있다. 만성 위염의 주된 원인으로는 헬리코박터 파일로리 감염, 자극적인 음식의 지속적인 섭취, 만성 스트레스 등이 있다.

위염은 구토와 설사를 동반할 수 있으며 이러한 증상은 체내 수분 손실을 유발해 탈수 상태를 초래할 수 있다. 특히 급성 위염의 경우 구토가 심해질 수 있어 체내 전해질 불균형과 함께 심한 탈수를 유발할 수 있다. 탈수는 또한 위 점막의 보호 기능을 약화시켜 위염 증상을 악화시킬 수 있다. 57)-59)

위의 산도(pH)는 위액의 강한 산성 환경을 의미하며 이는 소화를 돕고 병원균을 죽이는 중요한 역할을 한다. 일반적으로 위액의 산도는 매우 낮아 강한 산성 범위에서 조절된다. 이러한 강한 산성 환경은 위벽의 특수한 점액층과 중탄산염 분비로 인해 보호된다.

위액의 주요 성분인 염산(HCl)은 위 점막의 벽세포(parietal cells)에서 분비된다. 염산은 단백질을 변성시키고 펩시노겐을 활성 펩신으로 전환하는 역할을 한다. 펩신은 단백질 소화를 담당하는 효소이다. 가스트린(gastrin)은 위산 분비를 촉진하는 호르몬으로, 위의 G세포에서 분비되며 음식물 섭취 시 위산 분비를 자극하여 소화를 촉진한다.

히스타민은 위산 분비를 자극하는 요소로 장크로마핀 유사 세포(enterochromaffin-like, ECL)에서 분비된다. 히스타민은 H2 수용체와 결합하여 염산 분비를 촉진한다. 부교감신경의 신경전달물질 아세틸콜린(acetylcholine)은 벽세포에 직접 작용하여 염산 분비를 증가시킨다. 위산은 위 내에서 다음과 같은 중요한 기능을 한다. 위산은 펩시노겐을 펩신으로 활성화해 단백질을 분해한다. 위산의 강한 산성 환경은 병원균을 죽이는 데 효과적이다. 또한 철분, 칼슘, 비타민B12 등의 영양소 흡수를 도와준다.

위염은 위산과다 분비 또는 점막 보호 기능의 손상으로 인해 발생할 수 있으며, 급성 또는 만성 형태로 나타날 수 있다. 위산이 식도로 역류하여 식도 점막을 자극하고 훼손하는 위식도 역류질환(GERD)과 과도한 위산 분비로 인해 위나 십이지장 점막에 소화궤양이 생길 수 있다.

위 산도(gastric acidity)는 소화 과정에서 중요한 역할을 한다. 위는 주로 염산(HCl)을 분비하여 음식을 분해하고, 소화효소의 활성을 유지하며 병원균을 제거한다. 위 산도는 일반적으로 pH 1.5에서 3.5 사이로 유지되어야 하며, 소금(NaCl)의 양과 관련이 있다.

소금은 염산을 생성하는 주요 요소 중 하나이다. 염산은 염화 이온(Cl^-)과 수소 이온(H^+)으로 구성되며 소금은 염화 이온을 공급한다. 소금 섭취가 부족하면 염화 이온의 공급이 줄어들어 위산 생성이 감소할 수 있다. 이는 위산 결핍(hypochlorhydria) 상태로 이어질 수 있으며, 소화불량, 영양소 흡수 저하, 감염 위험 증가 등의 문제를 유발한다. 60)-62)

역류성 식도염(reflux disease)은 위장의 내용물이 식도로 거꾸로 올라와서 발생하는 질환이다. 강한 산성을 띈 위산이 식도로 역류하면 식도는 이러한 산성을 견딜 수 없어 염증이 발생한다. 여러 생활 습관이 역류성 식도염을 일으킬 수 있다. 자극적인 음식을 즐겨 먹고 급하게 먹는 것, 커피, 초콜릿, 탄산음료와 같은 기호식품을 섭취하는 것, 스트레스 해소를 위해 음주와 흡연을 즐기는 것 등이 포함된다. 또한 늦은 저녁에 과식하거나 술과 기름진 음식을 먹고, 식후 3시간 이내에 잠자리에 드는 것도 원인이 될 수 있다. 수분 부족에 의한 히스타민 분비로 괄약근이 열려 역류가 발생할 수 있다.

왜 아래 괄약근을 열어 소장으로 내용물을 내려보내지 않고 식도로 역류시키는가? 췌장은 위장의 뒤쪽에 있는 후복막 장기로, 소화기관 중 하나이다. 췌장은 소화효소를 분비해 음식물을 소화하고 혈당을 조절하는 인슐린과 글루카곤 호르몬을 분비한다. 췌장의 앞쪽에는 횡행결장과 위가, 아래쪽으로는 소장과 인접해 있다. 췌장은 약 15cm 길이, 무게는 약 100g 정도로, 머리, 몸통, 꼬리의 세 부분으로 나뉜다.

췌장 세포에서는 췌장액(이자액)을 만들어 췌관(이자관)을 통해 십이지장으로 분비하는데, 췌관이 십이지장으로 연결된 부위를 물물교환 팽대부라고 한다. 여기서는 췌장액뿐만 아니라 간에서 만들어진 담즙도 함께 배출되는 통로로 췌장에 문제가 발생하면 담즙 배출 또한 함께 장애가 생길 수 있어 황달이 동반될 수 있다. 췌장에는 랑게르한스섬이라는 구조가 있는데, 이 랑게르한스섬은 알파세포와 베타세포가 있어 글루카곤과 인슐린을 분비하여 신체 대사를 조절한다.

췌장은 외분비 기능과 내분비 기능을 함께 수행한다. 외분비 기능으로는 아밀라아제, 트립신, 키모트립신, 리파아제 등의 소화효소와 탄산수소나트륨을 함유한 췌액을 분비하여 소장에서 음식물의 소화를 돕는다. 분비된 췌장액은 담즙과 만나 소장으로 흘러 들어가 소화를 돕는다. 외분비 기능은 자율신경과 소화관 호르몬에 의해 조절되며, 소화관 호르몬 중 세크레틴은 물과 탄산수소염의 분비를, 판크레오지민은 소화효소의 분비를 조절한다.

내분비 기능은 랑게르한스섬에서 이루어진다. 랑게르한스섬의 알파세포는 혈당을 높이는 글루카곤을, 베타세포는 혈당을 낮추는 인슐린을 분비하여 혈당을 조절한다. 췌장의 외분비 조직이 분비하는 췌장액은 하루 약 1.5ℓ 정도로, 췌관을 통해 십이지장으로 분비된다.

위 점액과 중탄산나트륨은 위염에서 설명한 대로 이산화탄소, 물, 소금으로 만들어진다. 췌장액 역시 중탄산나트륨을 포함하며, 물과 염분이 부족한 탈수 상태에서는 췌장액의 생산이 줄어들게 된다. 또한 물이 부족하여 췌장액의 점도가 증가하면 췌장액의 흐름이 약해져 십이지장으로의 배출이 지연되고 부족해진다. 이러한 상황에서는 소장이 위에서 내려온 미즙(chyme)을 받아들일 수 없다. 63)

음식물은 위에서 위산에 의해 끈적끈적한 미즙으로 만들어져 십이지장으로 내려간다. 췌관과 담관이 연결되는 십이지장까지는 알칼리성 점액인 중탄산염 수용액이 방어벽을 만들어 위산 손상을 막는다. 십이지장 아래로는 알칼리성 방어벽이 없기 때문에, 위산이 섞여 있는 미즙이 내려가면 심각한 손상을 입을 수 있다. 이를 방지하기 위해 췌장은 중탄산나트륨을 분비하여 십이지장과 소장을 보호한다.

그러나 수분과 염분이 부족하면 췌장에서 중탄산나트륨을 충분히 만들지 못한다. 이런 상황에서는 십이지장과 소장이 위에서 내려오는 미즙을 받아들이지 않기 위해 유문 괄약근을 조여 닫는다. 그러면 위 내용물이 위에 머물러 부패하고 압력이 생겨 식도로 역류하게 된다. 이에 따라 구토가 발생하며, 식도에 염증이 생긴다. 이런 상황이 반복되고 악화하면 신경성 식욕부진증(anorexia nervosa)으로 이어질 수 있다. 중요한 것은 물과 염분 섭취가 줄어 탈수가 심해지면 다른 약으로 이 증상을 해결할 수 없다는 점이다. 장으로 연결되는 위의 유문부도 열리지 않게 된다. 64)

십이지장염(duodenitis)은 십이지장의 염증으로, 헬리코박터 파일로리(H. pylori) 감염, 과도한 비스테로이드성 항염증제(NSAIDs) 사용, 흡연, 알코올 소비 등이 주요 원인이다. 증상으로는 복통, 소화불량, 구토, 체중감소 등이 있으며 심한 경우 출혈이나 천공 등의 합병증이 발생할 수 있다.

적절한 수분 섭취는 십이지장 점막을 보호하고 소화액의 분비를 촉진하는 데 중요하다. 수분이 부족하면 소화액의 분비가 감소하여 점막이 손상될 가능성이 커지고, 이는 십이지장염의 위험을 증가시킬 수 있다. 반면, 과도한 수분 섭취는 소화효소를 희석해 소화 기능에 악영향을 미칠 수 있다.

염분(소금)은 체내 수분 균형과 소화 기능 유지에 중요한 역할을 한다. 적절한 염분 섭취는 위산의 분비를 촉진하여 소화를 돕고, 십이지장 점막을 보호한다.[65] 적절한 염분 섭취와 위산 분비, 십이지장 보호의 구조는 다음과 같다. 소금 속 염소(Cl^-)는 위산 분비에 중요한 역할을 한다. 염산(HCl)은 위산의 주요 성분으로 염소이온이 위의 벽세포(parietal cell)에 의해 분비되어 수소이온(H^+)과 결합하여 만들어진다.

위산 분비의 생리는 다음과 같다. 위 벽세포 내에서 이산화탄소(CO_2)와 물(H_2O)이 결합하여 탄산(H_2CO_3)을 형성한 후, 이는 수소이온(H^+)과 중탄산 이온(HCO_3^-)으로 분해된다. 수소이온은 H^+/K^+ ATPase 펌프를 통해 위강 내로 이동하고 염소이온은 염소 채널을 통해 위강 내로 분비된다. 아세틸콜린(ACh), 히스타민, 가스트린 등의 신경 및 호르몬 자극이 위산 분비를 촉진한다. 이들은 각각 미주신경(vagus nerve), 위 점막의 장 크로마핀 유사 세포(ECL cell), G세포에서 분비된다.

적절한 염분 섭취는 십이지장 점막의 보호에도 중요하다. 위산이 십이지장으로 넘어가면서 십이지장 점막을 자극할 수 있어 십이지장은 중화 기전을 통해 이를 방어한다. 십이지장 점막은 중탄산 이온을 준비하여 위산을 중화시키고 이 과정에서 적절한 염분 섭취는 중탄산 이온 준비를 돕는다. 십이지장 점막은 점액을 분비하여 물리적 보호막을 형성한다. 이 점액은 위산으로부터 점막을 보호하는 역할을 한다.

소화기관은 소화하는 장기들의 모임이다. 이곳에서 많은 수분이 소화를 위해 사용된다. 구강에서 침으로 1.5리터, 위에서 위액으로 2리터, 췌장에서 췌장액(이자액)으로 1.5리터, 간에서 담즙으로 0.5리터, 장에서 장액으로 1.5리터 이렇게 소화기관에서는 하루에 약 7리터의 소화액이 분비된다. 이 소화액은 모두 물로 만들어진다. 그러므로 수분이 부족하면 소화할 수 없음을 알 수 있다. 66)-68)

장염(enteritis)은 소장에서 발생하는 염증이다. 장염은 주로 바이러스, 박테리아, 또는 기생충에 의해 발생한다. 바이러스성 장염은 로타바이러스, 노로바이러스 등이 주된 원인이며 박테리아성 장염은 살모넬라, 대장균, 시겔라 등이 원인이다. 기생충성 장염은 지아르디아, 크립토스포리디움 등이 있다.

장염의 주요 증상으로는 설사, 구토, 복통, 발열, 탈수 등이 있다. 증상은 보통 며칠에서 일주일 정도 지속되며, 심한 경우 의료적 도움이 필요하다. 소장이 감염되면 물 같은 설사가 나오고, 대장이 감염되면 점액질이 많이 나와 소장과 대장의 감염을 구분할 수 있다. 또한 복부 팽창이나 혈변이 나타날 수도 있다.

장염 치료에 있어 가장 중요한 것은 수분과 전해질을 보충하는 것이다. 장염으로 인해 설사와 구토가 지속되면 체내 수분과 전해질(소금)이 빠져나가 탈수가 발생할 수 있다. 이를 예방하고 치료하기 위해 경구 재수화 용액(oral rehydration solution, ORS)이 사용된다. ORS는 물, 소금, 설탕을 혼합한 용액으로, 탈수와 전해질 불균형을 효과적으로 개선한다.

위는 음식물을 분해하여 흡수하기 좋은 미즙을 만들고, 소장과 대장은 영양분과 수분을 흡수한다. 특히 소장은 전체 수분량의 약 95%인 8,500㎖와 영양분을 흡수하고, 대장은 약 400㎖의 수분과 약간의 영양분을 흡수한다. 그리고 내용물을 굳게 만들어 황금색의 굵은 변을 만든다. 이 기능이 안 되면 무른 변 혹은 설사가 발생한다.

소장과 대장에서 영양분과 수분은 미네랄 나트륨에 의해 흡수된다. 흡수된 물과 영양분을 미네랄이 세포 속으로 이동시키는데, 나트륨은 능동적으로 이동하고, 수분은 나트륨이 이동하는 곳을 따라 수동적으로 이동한다. 이는 포도당이 인슐린을 따라 세포로 들어가는 원리와 같다. 따라서 소장과 대장에서 물과 영양분이 잘 흡수되지 못하고 설사를 한다면 나트륨 부족을 의심해야 한다. 수분 흡수는 나트륨 흡수량과 비례한다. 설사의 이유는 간단하다. 무염식 또는 저염식과 채식 그리고 다량의 물을 마신다면 삼투압 균형이 깨져 물과 영양을 흡수할 수 없어 설사와 극심한 수분 부족 상태가 된다. 이는 영양실조와 탈수로 이어질 수 있다. 따라서 설사의 원인을 음식물의 종류나 병원균의 감염에 초점을 맞추기 이전에 염분 섭취량을 점검해 볼 필요가 있다.

장염에 따른 통증의 원인은 수분 부족으로 인해 신경전달물질 히스타민의 분비가 증가하는 데 있다. 히스타민은 평활근 수축 작용을 하며, 장은 대표적인 평활근이므로 장 근육의 수축 증가는 장이 위치한 곳에 통증을 유발한다. 장 평활근의 수축은 장 점막에 물리적 자극을 가해 점막을 손상하는 원인이 되기도 한다. 결국 계속된 설사는 나트륨과 수분 부족 때문에 발생한다. 또한 대장에 나트륨과 수분이 부족하면 세균 증식이 일어나고, 세균은 가스를 생성한다. 소금은 직접적으로 병원성 세균을 억제하며, 장내 적절한 수분은 정상적인 세균 군집의 활성에 도움이 된다. 반대로 소금과 물이 부족한 대장에서는 비정상적인 가스 생성이 증가하게 된다. 따라서 하복부에 가스와 통증을 느끼게 된다. 69)-71)

호흡기의 최일선을 담당하는 기관은 코와 인후(咽喉)이다. 외부로부터 공기가 처음 인체로 들어오는 통로는 콧구멍이다. 외형적으로 우리가 코라고 지칭하는 기관 밑의 작은 구멍을 흔히 콧구멍이라고 하지만, 사실은 이곳 전비강(前鼻腔)을 지나 들어가면 나오는 넓은 공간 전체가 콧구멍 속 즉 비강(鼻腔)이다. 인후는 음식이 식도로 운반되고 공기가 폐로 운반될 때 지나가는 근육 통로이다. 코와 입처럼, 인후의 내벽은 점액을 생성하고 털 같은 섬모 세포로 구성된 점막이다.

비강은 비갑개(鼻甲介)라는 3층의 판으로 나뉘며, 전천후 라디에이터, 가습기, 공기 청정기 기능을 가진 삼중구조로 이뤄져 있다. 콧구멍을 통해 들어온 공기는 원래의 온도와 습도에 관계없이 비강 속에서 ¼초라는 짧은 시간에 섭씨 36.5도, 습도 75~85%로 조절되어 내부로 들어가도록 설계돼 있으며, 이러한 활동은 자율신경의 지시로 이루어진다. 이 때문에 비강 속은 표면적이 넓고 수분을 충분히 공급할 수 있도록 점액층과 혈관, 샘 등이 조밀하게 분포되어있다. 외부로부터 들어오는 공기를 일차로 거르는 것도 비강의 중요한 임무 중 하나이다.

비염(rhinitis)은 코 내부의 지속적인 염증과 자극을 일으키는 질환이다. 비염은 주로 알레르기성 비염과 비알레르기성 비염으로 나뉜다. 알레르기성 비염은 꽃가루, 집먼지 진드기, 곰팡이, 애완동물의 털 등의 알레르겐에 의해 유발된다. 비알레르기성 비염은 연기, 오염, 호르몬 변화, 약물, 음식 등 다양한 원인에 의해 발생할 수 있다.

비염의 주요 증상으로는 코막힘, 콧물, 재채기, 가려움증, 눈의 염증 등이 있다. 비알레르기성 비염은 일반적으로 면역 체계가 관여하지 않으며, 증상은 알레르기성 비염과 유사하지만, 원인에 따라 차이가 있다. 적절한 수분 섭취는 비염 관리에 중요하다. 충분한 수분 섭취는 코점막을 촉촉하게 유지하여 자극을 줄이고 증상을 완화하는 데 도움을 준다. 수분이 부족하면 점막이 건조해져 비염 증상이 악화할 수 있다.

비강 속은 표면적이 넓고 수분을 충분히 공급할 수 있도록 점액층과 혈관, 샘 등이 조밀하게 분포되어있다. 코털은 큰 입자의 먼지나 세균을 걸러내고, 비강에 발달한 끈끈한 점액층에서는 라이소자임이라는 효소가 점액과 함께 작은 세균들을 파괴, 녹여 인두부를 통해 입으로 넘어가게 한다. 이 작용은 4~7미크론 길이의 작은 섬모가 담당한다. 비강을 통과하면서 공기의 습도를 조절하고 정화하며, 인두와 후두를 통과하면서 공기를 정화하여 가장 깨끗한 상태로 기관지로 보내진다. 이 과정에서 가장 많이 필요한 것이 충분한 수분 공급이다. 결국 비염은 유입된 공기나 균의 문제보다는 수분 부족이 염증을 일으키는 경우가 훨씬 많다. [72]-[74]

인후염(pharyngitis)은 주로 감기나 독감과 같은 바이러스 감염으로 발생하며, A군 연쇄상구균과 같은 세균 감염으로 발생할 수도 있다. 주요 증상으로는 목의 통증, 삼키기 어려움, 부어오른 림프절 등이 있다. 적절한 수분 섭취는 점막을 촉촉하게 유지하여 자극을 줄이고 회복을 돕는다. 충분한 물을 마시면 목이 건조해지는 것을 막고, 인후염의 불편함을 줄이는 데 도움이 된다.

기관지염(bronchitis)은 급성과 만성으로 나뉘며, 급성 기관지염은 주로 바이러스에 의해 발생하고 만성 기관지염은 장기간 흡연 등의 자극으로 발생한다. 주요 증상으로는 지속적인 기침, 점액 생성, 피로, 숨 가쁨 등이 있다. 수분 섭취는 점액을 묽게 만들어 제거를 쉽게 하고, 가슴의 답답함을 완화한다. 충분한 수분을 섭취하면 증상을 완화하고 회복을 촉진할 수 있다. 75)

폐렴(pneumonia)은 박테리아, 바이러스, 진균에 의해 발생할 수 있으며, 주로 상부 호흡기 감염 후 발생한다. 주요 증상으로는 고열, 오한, 점액을 동반한 기침, 빠른 호흡, 흉통 등이 있다. 폐렴 관리에서 수분 섭취는 매우 중요하다. 수분은 폐의 점액을 묽게 만들어 기침으로 배출하기 쉽게 하며 전반적인 체내 기능을 유지하고 면역 반응을 지원하는 데 필수적이다.

수분 섭취는 인후염, 기관지염, 폐렴과 같은 호흡기 염증 질환의 관리 및 회복에 중요한 역할을 한다. 점막 표면을 촉촉하게 유지하고, 점액을 묽게 만들어 증상을 완화하며, 몸의 자연 치유 과정을 지원한다. 적절한 수분 섭취는 폐렴의 주요 증상인 고열, 오한, 점액을 동반한 기침, 빠른 호흡, 흉통 등의 불편을 줄이고 회복을 촉진하는 간단하면서도 효과적인 방법이다. 76)-77)

편도선염(tonsillitis)의 주요 원인은 바이러스와 세균이다. 바이러스가 원인인 경우가 대부분(70~95%)이며 대표적인 바이러스로는 아데노바이러스, 인플루엔자 바이러스, 그리고 에피스타인-바 바이러스가 있다. 세균 감염의 경우, 그룹 A 연쇄상구균(streptococcus pyogenes)이 주된 원인이다.

편도선염의 주요 증상은 목의 통증과 침을 삼킬 때의 아픔, 붉게 부어오른 편도선, 흰색 또는 노란색 점, 발열, 목의 림프절 부종 및 압통, 두통, 복통, 귀통증 등이 있다. 어린이의 경우 침을 흘리거나 식사를 거부하는 모습이 나타날 수 있다.

바이러스성 편도선염의 경우 특별한 치료 없이도 회복되며 통증 완화를 위해 따뜻한 물을 마시거나 소금물로 입가심하는 것이 도움이 된다. 세균성 편도선염은 페니실린이나 클린다마이신과 같은 항생제가 흔히 사용된다. 수분 섭취는 편도선염 관리에서 중요하다. 충분한 수분을 섭취하면 인후의 건조함을 완화하고, 침을 자주 삼키게 되어 인후의 자극을 줄인다. 따뜻한 물은 통증 완화에도 도움이 되며, 소금물로 입을 헹구는 것이 염증 감소에 효과적이다. 78)-79)

류머티스 관절염(rheumatoid arthritis; RA)은 주로 관절에 영향을 미치는 다인자 자가면역질환이다. 정확한 원인은 알려져 있지 않으나, 유전적 소인과 흡연, 감염 등 환경적 요인이 관여한다. 신체의 면역 시스템이 잘못되어 관절을 둘러싼 막인 활막을 공격하여 염증을 일으키고, 시간이 지남에 따라 관절 손상을 초래한다.

류머티스 관절염의 증상은 다음과 같다. 6주 이상 지속되는 관절의 통증, 부기, 뻣뻣함, 압통, 30분 이상 지속되는 아침의 뻣뻣함, 피로, 미열, 전신 불편감 등이 있으며, 대칭적으로 작은 손목, 손가락 관절 등에 먼저 발생한다. RA는 또한 눈, 입, 폐, 혈관의 건조 및 염증과 같은 관절 외 증상을 동반할 수 있으며, 이보다 더 심각한 건강 문제를 초래할 수 있다.

관절 침식 및 질병 진행을 감지하기 위해 X선, MRI, 초음파와 같은 영상 검사가 필요하며, 치료의 목표는 염증을 줄이거나 멈추고, 증상을 완화하며, 관절 및 장기 손상을 방지하고, 신체 기능 및 삶의 질을 향상하는 것이다. 질병 활성도를 줄이고 전신 합병증을 예방하기 위해 조기 치료가 중요하다. 특히 식이요법, 운동, 금연과 같은 생활 습관 변화는 전반적인 건강을 증진하고 증상을 관리하는 데 도움이 된다.

적절한 수분 섭취와 전해질 특히 나트륨 균형은 류머티스 관절염 증상 관리에 중요한 역할을 한다. 물과 소금은 세포의 수분 유지를 도와 관절 윤활 및 전반적인 세포 기능을 유지하는 데 필수적이다. 탈수는 관절 윤활을 감소시켜 뻣뻣함과 통증을 증가시킬 수 있다. 적절한 물과 전해질 섭취는 관절 건강을 유지하고 전반적인 신체 기능을 개선하여 일부 류머티스 관절염 증상을 간접적으로 완화하는 데 도움이 된다. 80)-81)

전신성 홍반성 루푸스(systemic lupus erythematosus, SLE)는 자가면역질환이다. 면역 체계가 자기 조직을 공격한다. 전신성 홍반성 루푸스의 정확한 원인은 알려지지 않았으나, 유전적 소인과 감염, 특정 약물, 자외선 등의 환경적 요인이 결합되어 발생하는 것으로 알려져 있다. 호르몬 요인도 중요한 역할을 하며, 특히 가임기 여성에게서 많이 발생한다.

전신성 홍반성 루푸스는 신체의 여러 장기와 시스템에 영향을 미친다. 일반적인 증상은 관절 통증과 부기, 특히 볼과 코에 나비 모양으로 나타나는 피부 발진, 발열, 루푸스 신염, 흉통, 늑막염 또는 심막염으로 인한 호흡 곤란, 두통, 발작, 인지기능 장애 등이 있다.

전신성 홍반성 루푸스의 치료는 증상 관리와 급성 악화를 예방하는 데 중점을 둔다. 일반적으로 통증과 염증 완화를 위해 비스테로이드성 항염증제(NSAIDs)를 투약하며, 피부와 관절 증상 조절을 위해 하이드록시클로로퀸 같은 항말라리아제를 사용한다. 염증 감소와 면역 억제를 위해 코르티코스테로이드를 사용하며, 심각한 경우 면역억제제를 사용한다. 최신 치료법으로 벨리무맙과 리툭시맙 같은 생물학적 제제도 사용되고 있다.

수분 섭취는 전반적인 건강 유지에 중요하며, 특히 전신성 홍반성 루푸스 환자에게는 더욱 중요하다. 충분한 물 섭취는 신장 기능 유지에 필수적이며, 이는 루푸스 환자에서 흔히 손상되는 부위이다. 적절한 수분 섭취는 독소와 약물이 신장을 통해 배출되는 것을 돕고 신장 손상 위험을 줄인다. 또한 수분 섭취는 관절과

근육 기능을 지원하여 전신성 홍반성 루푸스의 근골격계 증상 관리에 도움이 된다. 82)-83)

췌장염(pancreatitis)은 주로 쓸개에 생기는 작은 돌, 즉 담석이 담관이나 췌관을 막을 때 발생한다. 담석에 의한 담석성 췌장염은 급성 췌장염의 가장 흔한 원인 중 하나이다. 담석이 췌관을 막으면 췌장에서 생성된 소화효소가 역류하여 췌장 조직을 자극하고 염증을 일으킨다. 이는 심한 복통을 유발하며, 흉통을 동반할 수 있다. 담석성 췌장염은 좌상 복부에서 시작된 통증이 등이나 가슴, 어깨로 퍼져나갈 수 있다. 소화효소의 역류로 인해 메스꺼움과 구토가 발생하며, 염증 반응으로 발열과 오한이 나타날 수 있다. 또한 담관이 막히면 피부와 눈이 노랗게 변하는 황달이 생길 수 있다. 심한 염증과 구토로 인해 체내 수분이 급격히 감소할 수 있다.

탈수는 췌장염의 증상을 악화시킨다. 충분한 수분 섭취는 체내 전해질 균형을 유지하고 소화액의 분비를 촉진하여 췌장의 스트레스를 줄이는 데 도움이 된다. 탈수가 지속되면 혈액 농도가 높아져 혈액 순환이 원활하지 않게 되며, 이는 염증을 더욱 악화시킬 수 있다. 84)-86)

늑연골염(costochondritis)은 주로 갈비뼈와 흉골을 연결하는 연골에 염증이 생겨 발생하는 질환이다. 주요 증상은 흉골 부근에서 느껴지는 날카롭거나 둔한 통증이며, 이는 특히 깊이 숨을 쉬거나 기침할 때 악화한다.

탈수는 체내 수분이 부족해지는 상태로, 이는 다양한 신체 기능에 영향을 미친다. 탈수는 근육과 관절의 염증을 악화시키며 이는 늑연골염의 통증을 더 심하게 만든다. 체내 수분이 부족하면 염증 반응이 더 강하게 나타나고 이런 염증 상태를 겪는 환자에게 충분한 수분 섭취가 중요하다. [87]

늑막염(pleuritis)은 여러 가지 원인으로 발생할 수 있다. 주요 원인으로는 바이러스, 박테리아 또는 곰팡이에 의한 감염이 있으며, 일반적인 예로는 인플루엔자 바이러스와 폐렴 등이 있다. 또한 류머티스 관절염이나 루푸스 같은 자가면역질환, 폐암, 폐색전증, 결핵 등의 폐 질환, 흉부 외상이나 수술 후, 특정 약물 복용, 겸상 적혈구 빈혈 같은 유전 질환, 염증성 장질환 등도 원인이 될 수 있다.

늑막염의 주요 증상은 숨을 깊이 들이쉬거나 기침할 때 악화하는 날카롭고 찌르는 듯한 흉통이다. 통증 때문에 숨을 천천히 쉬게 되어 호흡 곤란이 발생할 수 있으며, 일부 환자에서는 기침이 동반될 수 있다. 감염으로 인한 발열과 전반적인 피로감도 나타날 수 있다.

탈수는 늑막염의 증상을 악화시킨다. 체내 수분이 부족하면 점막이 건조해지고 염증 반응이 심화한다. 충분한 수분 섭취는 염증을 줄이고 회복을 돕는 역할을 한다. 특히 전해질 균형을 유지하는 것이 중요하며, 이는 적절한 수분 섭취와 전해질 보충을 통

해 가능하다. 88)

통증으로 알 수 있는 탈수

통증은 신체의 손상이나 이상에 대한 경고 신호로 다양한 생리적 기전에 의해 발생한다. 일반적으로 통증은 감각 신경계를 통해 전달되며 신체의 손상된 부위에서 시작하여 중추신경계로 전달된다.

통각수용기(nociceptors)는 열, 기계적 자극, 화학적 자극을 감지하는 특수한 신경종말이다. 이러한 수용기는 주로 피부, 관절, 내장 등에 분포한다. 통각수용기가 자극을 감지하면 전기 신호를 생성하여 말초신경을 통해 척수로 전달한다. 척수의 후각 뿌리에서 신호를 받아 뇌로 전달된다. 척수에서 통증 신호는 증폭되거나 감소할 수 있으며, 이는 주로 엔도르핀 같은 내인성 진통물질에 의해 조절된다. 통증 신호는 뇌의 여러 영역, 특히 대뇌피질에서 인지되어 통증으로 인식된다. 89)-93)

체내 산도(pH 7.4)는 신체의 건강과 다양한 생리적 기능에 매우 중요한 역할을 한다. 물은 체내 산도 유지에 필수적인 요소로 다음과 같은 방식으로 작용한다. 물은 체내에서 완충용액으로 작용하여 산과 염기의 균형을 유지한다. 이는 단백질과 DNA와 같은 중요한 분자의 구조를 보호하고, 이들이 올바르게 기능할 수 있도록 돕는다.

물은 세포 내부의 압력을 유지하여 세포의 형태를 보존한다. 세포가 탈수 상태에 빠지면 세포막이 약화하고 이는 전체적인 세포 기능에 영향을 미친다. 물은 많은 화학반응의 매개체로 작용한다. 특히, 단백질과 DNA와 같은 큰 분자의 합성과 분해 과정에서 중요한 역할을 한다. 이러한 반응을 통해 신체는 영양소를 얻고 필요에 따라 분자를 재구성한다.

물은 체내 pH 균형을 유지하는 데 매우 중요한 역할을 한다. pH가 7.4로 유지되는 것은 신체의 여러 시스템이 원활하게 작동하는 데 필수적이다. 물은 체내에서 산-염기 균형을 조절하는 주요 요소로 작용하며 이는 신체의 다양한 생리적 과정에서 중요한 역할을 한다. [94]-[95]

체내 pH를 안정적으로 유지하는 것은 다양한 생리적 기능에 중요하다. 일반적인 혈액 pH 범위는 7.35~7.45이며 이는 신장과 호흡 시스템을 포함한 신체의 항상성에 의해 엄격하게 조절된다. 이 범위에서 벗어나면 통증을 포함한 심각한 건강 문제가 발생한다.

만성적인 허리 통증은 체내 pH 수준에 영향을 받는다. 이때 약간 높은 pH를 촉진하는 알칼리성 식단은 통증을 감소시킬 수 있다. 이는 주로 세포 내 마그네슘 증가와 관련이 있으며, 이는 효소 기능과 비타민 D 활성화에 필수적이고 근육과 신경 기능에 중요하다.

체내 pH를 안정적으로 유지하는 능력은 다양한 생화학적 과정에 필수적이다. 예를 들어 효소 활동과 항암제의 효과는 pH 수준에 영향을 받는다. 산성 환경은 통증과 염증을 악화시킬 수 있고 알칼리성 환경은 이러한 증상을 감소시킨다.

만성 통증을 겪는 개인은 약간의 알칼리성 환경을 촉진하는 식이 조정을 고려함으로써 일부 완화를 얻을 수 있다. 충분한 수분 공급과 과일 및 채소가 풍부한 식단은 이 균형을 지원할 수 있다. 96)-99)

흉통(chest pain)의 원인은 매우 다양하며, 주요 원인으로는 심장 관련, 소화기, 근골격계, 폐 관련 문제 등이 있다. 협심증(angina pectoris)은 심장으로 가는 혈류가 일시적으로 감소하여 발생하는 흉통으로, 주요 원인은 관상동맥 질환, 혈관 연축, 심장의 산소 요구 증가 등이다. 협심증의 통증은 주로 가슴 중앙이나 왼쪽에서 발생하며, 압박감, 쥐어짜는 느낌, 무거운 느낌이 특징이다. 통증은 어깨, 팔, 목, 턱으로 퍼질 수 있으며, 호흡 곤란, 메스꺼움, 피로, 식은땀 등의 증상이 동반된다. 협심증은 동맥 내 플라크 축적으로 인해 발생한다. 100)-101)

심근경색(myocardial infarction)은 혈전으로 인해 심장으로 가는 혈류가 차단되어 발생하며 주요 원인은 관상동맥 질환과 혈전이다. 심장마비의 통증은 가슴 중앙이나 왼쪽에서 발생하며, 압박감, 짓누르는 느낌, 쥐어짜는 듯한 통증이 특징적이다. 이 통증은 어깨, 팔, 등, 목, 턱으로 퍼질 수 있으며 몇 분에서 수십 분까지 지속된다. 또한 호흡곤란, 식은땀, 메스꺼움, 어지러움이 동반될 수 있다. 102)

대동맥 박리(aortic dissection)는 대동맥벽의 내층이 찢어지면서 혈액이 벽의 층 사이로 들어가는 응급 상황으로, 갑작스러운 흉부와 등의 통증을 특징으로 한다. 통증은 '칼로 베는 듯한' 또는 '찢어지는 듯한' 느낌으로 묘사되며, 시간이 지나면서 복부나 다리로 이동할 수 있다. 이와 함께 저혈압, 실신, 뇌졸중과 유사한 신경학적 증상이 동반될 수 있다. 103)

속쓰림(heartburn)은 위산이 식도로 역류하여 발생하는 증상이다. 식도 하부 괄약근이 제대로 닫히지 않아 위산이 식도로 역류할 때 나타난다. 과식이나 기름진 음식, 커피, 알코올 등이 위산 분비를 증가시키고 비만에 의해 복부 압력이 증가하여 위산이 역류하기 쉽다. 흡연과 스트레스도 식도 하부 괄약근을 약화하며, 스트레스는 소화 기능을 방해한다.

속쓰림의 일반적인 증상은 흉골 뒤쪽에서 타는 듯한 느낌의 통증이 발생하는 것이다. 또한 트림과 함께 신물이 올라오는 느낌이 들고, 삼킬 때 통증이나 어려움이 있으며, 위산 역류로 인해 메스꺼움과 구토가 발생할 수 있다. 충분한 수분 섭취는 소화를 돕고 위산의 농도를 낮출 수 있다. 중성에 가까운 물은 위산을 중화시켜 증상을 완화하는 데 도움이 된다. 104)-105)

소금 부족으로 인해 체내 염소 이온(Cl⁻)이 부족해지면 위산(HCl) 분비가 감소하고 저염산증(hypochlorhydria)을 유발하여 소화불량과 위산 역류 증상이 악화한다. 저염산증은 위 세포가 위산 분비를 멈추거나 감소시킬 때 발생하며, 소화불량, 복통, 복부 팽만감, 가스, 설사, 변비, 소화되지 않은 음식이 있는 변, 위산 역류, 속쓰림 등의 증상을 초래할 수 있다. 장기적인 저염산증은 철분, 칼슘, 비타민B_{12} 등 영양소 결핍으로 이어져 피로, 빈혈, 약한 손톱과 머리카락, 신경학적 증상 등을 유발할 수 있다.

충분한 수분 섭취는 소화 과정에 중요한 역할을 한다. 물은 소화효소와 위산의 분비를 촉진하여 소화를 돕는다. 적절한 수분 섭취는 소화액의 농도를 유지하고 위장관의 점막을 보호하며 위산 역류 증상을 완화한다. [106)-107)]

근육통(myalgia)은 만성 통증 증후군이나 근육 손상으로 인한 통증이다. 탈수는 근육 기능에 심각한 영향을 미친다. 체액이 부족하면 전해질 균형이 깨져 근육경련, 피로와 불편함을 초래한다. 나트륨, 칼륨, 마그네슘과 같은 전해질은 근육 수축과 이완에 필수적이며, 탈수로 인한 전해질 불균형은 근육통과 경련을 악화시킨다.

국제 스포츠 영양학회 저널에 발표된 연구는 탈수로 인한 체중감소(3%)가 근육 성능을 심각하게 저하한다고 강조했다. 특히 전해질이 포함된 체액으로 재수화하면 근육 기능이 회복되고 근육경련이 감소한다. [108)-109)]

더운 환경에서 운동 중 경구 수액 보충제(ORS)와 샘물 섭취를 비교한 연구는 전해질 균형이 잘 맞는 ORS가 일반 물보다 근육 경련을 예방하는 데 더 효과적이라는 것을 보여주었다. 이는 탈수 중 근육 건강을 위해 전해질 보충의 중요성을 강조한다.

두통(headache)의 주요 원인에는 스트레스, 탈수, 과도한 음주, 불규칙한 수면, 특정 음식 등이 있다. 두통은 긴장성 두통, 편두통, 군발성 두통 등 다양한 유형으로 나뉘며, 각각의 원인은 다를 수 있다.

두통의 증상은 통증의 위치와 강도, 지속 시간에 따라 다양하다. 긴장성 두통은 머리 전체에 둔한 통증을 유발하고, 편두통은 한쪽 머리에 맥박이 느껴지는 통증과 함께 메스꺼움이나 시각 장애를 동반할 수 있다.

탈수는 두통의 주요 원인 중 하나이다. 탈수로 인해 뇌 조직이 수축하면서 두개골 내부의 신경을 자극하여 통증이 발생할 수 있다. 충분한 물 섭취는 탈수로 인한 두통을 예방하고 완화하는 데 도움을 준다. 경미한 탈수도 두통을 유발할 수 있으며, 물을 마심으로써 뇌가 원래 크기로 돌아가면서 통증이 완화된다. 110)-111)

편두통(migraine)은 복합적 요인에 의해 발생한다. 주요 원인으로는 유전적 요인, 신경화학적 변화, 환경적 요인, 특정 음식, 스트레스, 호르몬 변화 등이 있다. 편두통의 주요 증상은 한쪽 또는 양쪽 머리에 맥박이 느껴지는 심한 통증, 메스꺼움 및 구토, 빛과 소리에 대한 민감성, 시각 장애, 감각 이상 등의 전조 증상이다.

탈수는 편두통을 일으키고 악화시킬 수 있다. 충분한 수분 섭취는 탈수로 인한 두통을 예방하고 편두통의 빈도와 강도를 줄이는 데 도움이 된다. 전해질 균형이 잘 맞는 수분 섭취가 매우 중요하다. 112)-113)

요통(lumbago)의 주요 원인에는 근육 긴장, 추간판 탈출증, 관절염, 척추 협착증, 골다공증 등이 있다. 또한, 장시간의 잘못된 자세, 무거운 물건을 드는 행동, 좌식 생활 습관도 요통을 유발할 수 있다.

요통의 증상은 통증의 위치와 강도, 지속 시간에 따라 다양하다. 주요 증상으로는 허리의 둔한 통증, 근육경련, 다리로 방사되는 통증, 허리 움직임의 제한 등이 있다.

추간판은 원래 많은 수분을 가지고 있다. 그래서 수분을 적절하게 섭취해야 유연하고 건강한 추간판을 유지할 수 있다. 탈수가 되면 디스크의 기능이 저하되고 손상될 가능성이 커지며 유연성이 감소하고 관절의 마찰이 증가하여 통증이 발생한다. 또 충분한 수분 섭취는 추간판을 감싸고 있는 근육의 기능 유지에도 좋다. 탈수는 근육 경련과 피로를 유발할 수 있어 요통의 발생과 악화를 초래할 수 있다. 그러므로 충분한 수분섭취는 요통 예방과

관리에 중요하다. 114)

관절통(arthralgia)의 주요 원인에는 골관절염, 류머티스성 관절염, 통풍, 전신성 홍반성 루푸스, 감염성 관절염, 손상 또는 과도한 사용 등이 있다. 관절통의 주요 증상으로는 관절의 통증, 불편함, 관절의 부기, 운동 범위 감소, 관절의 경직 등이 있다.

연골은 대부분 물로 구성되어 있으며, 적절한 수분 섭취가 연골의 탄력성과 기능을 유지하게 한다. 또 관절 내 활액은 윤활 작용을 하며, 탈수는 활액의 양과 질을 저하하고 관절 마찰을 증가시켜 통증을 유발한다. 115)

생리통(dysmenorrhea)은 생리 동안 여성 대부분이 경험한다. 이는 자궁의 근육 수축으로 인해 발생하는 통증의 분류와 생리는 다음과 같다.

일차성 생리통은 특정 질환 없이 발생하는 생리통으로, 보통 생리 전후에 나타난다. 프로스타글란딘이라는 호르몬은 자궁 근육의 수축을 유도하여 자궁 내벽에서 떨어진 조직과 혈액이 체외로 배출된다. 하지만 프로스타글란딘의 농도가 높아지면 자궁이 과도하게 수축하게 되어 통증을 유발한다. 일차성 생리통은 청소년기와 20대 여성에게 흔하지만 나이가 들거나 출산 후에는 통증이 완화되는 경우가 많다.

이차성 생리통은 기저 질환에 의해 발생하는 생리통으로, 보통 30대 이후에 발생한다. 이는 자궁내막증, 자궁근종, 골반염증성 질환, 자궁선근증 등에 의하며, 자궁과 골반 내 조직에 염증, 혹은 비정상적인 조직 성장에서 비롯된다. 이런 생리통은 체수분 부족에 의해 아래와 같은 생리로 통증을 유발하거나 악화할 수 있다.

체수분이 부족하면 근육 세포 내의 전해질 농도가 불균형해지고, 자궁 근육이 이완되지 않고 경련이 발생할 수 있다. 탈수 상태에서 체내 칼슘, 마그네슘, 나트륨 등의 전해질 농도 변화는 근육의 과도한 수축을 유발할 수 있어, 자궁 근육의 긴장이 심해지고 통증이 증가한다. 프로스타글란딘이라는 호르몬은 자궁 내막에서 분비되고, 자궁 근육 수축을 촉진해 생리를 원활하게 한다. 하지만, 탈수는 염증 반응을 증가시키고 프로스타글란딘의 농도를 높여 과도한 수축을 유발해 생리통을 유발한다.

탈수는 혈액의 점도를 높여 혈액 순환을 방해한다. 이에 자궁에 필요한 산소와 영양소가 잘 공급되지 않으면, 자궁 내 저산소증이 발생하여 근육의 통증 수용체를 자극해 생리통을 더 심하게 만들 수 있다. 또한, 혈행이 저하되면 자궁에서 배출되는 독소나 불순물을 제때 제거되지 않아 염증을 악화시킬 수 있다. 체내 수분이 부족할 경우, 통증을 전달하는 신경 신호가 과도하게 활성화되어 자궁에서 발생하는 가벼운 수축도 과도한 통증으로 느껴질 수 있다. 또한, 탈수는 생리 주기에 민감한 호르몬

인 에스트로젠과 프로게스테론의 불균형으로 생리통이 심해질 수 있다. 116)

세계적으로 많은 여성들이 생리통 완화를 위해 진통제를 사용한다. 약 62%의 여성이 진통제를 사용하며, 이부프로펜과 파라세타몰이 주로 사용된다. 이부프로펜은 빠르고 지속적인 진통 효과로 인해 더 많이 사용되며, 통증 완화에 있어 효과적이다. 파라세타몰은 주로 통증 인식을 줄이는 역할을 하지만 염증 완화에는 제한적이다. 117)-119)

2000년에 개통된 런던의 밀레니엄 브리지(Millennium Bridge)는 세인트 폴 대성당과 테이트 모던 미술관을 연결하는 보행자 전용 다리로, 현대적인 디자인과 구조로 큰 주목을 받았다. 그러나 개통 초기 다리는 심각한 흔들림 문제로 인해 곧바로 폐쇄되었고, 이후 안정화 작업을 거쳐 다시 개통되었다. 개통 첫날, 다리를 건너는 수많은 사람의 발걸음이 공진현상(resonance)을 일으켰다. 보행자들의 걸음걸이가 다리의 고유 진동수와 일치하면서 흔들림이 증폭되었다. 보행자들이 흔들림을 느끼고 본능적으로 균형을 잡으려는 움직임이 다리의 측면 진동(lateral vibration)을 더 심화시켰다. 이는 점점 더 많은 사람의 발걸음이 다리의 진동과 동기화되는 악순환을 초래했다.

문제를 해결하기 위해 여러 공법이 사용되었다. 조화 감쇠기(tuned mass dampers, TMD)는 구조물의 진동을 줄이기 위해 사용하는 장치로, 다리의 진동수에 맞추어 조정된 질량과 스프링 시스템으로 구성된다. 다리가 흔들릴 때, 조화 감쇠기는 진동 에너지를 흡수하고 상쇄시켜 흔들림을 줄인다. 밀레니엄 브리지에는 여러 개의 조화 감쇠기가 설치되었다. 이 장치는 다리의 주요 구조 부위에 부착되어 진동을 효과적으로 감쇠시켰다. 또한 동적 감쇠기(viscous dampers)는 점성 유체를 사용하여 진동 에너지를 열로 변환시켜 소멸시키는 장치이다. 이러한 감쇠기는 다리의 움직임에 따라 작동하여 진동을 줄인다. 다리의 주요 지지 구조와 연결부에는 보강재가 추가되었으며, 이는 다리의 강성과 안정성을 높였다. 이러한 안정화 작업을 통해 밀레니엄 브리지는 안정적인 구조로 탈바꿈했다. 다리의 흔들림 문제는 효과적으로 해결되었으며, 현재는 안전하고 안정적인 보행자 전용 다리로 런던의 중요한 문화적 아이콘으로 자리 잡았다. 밀레니엄 브리지는 런던의 문화와 예술을 연결하는 중요한 통로로, 많은 사람이 다리를 건너며 런던의 역동적인 문화를 체험하게 되었다. 이에 따라 도시 재생과 관광이 활성화되었다.

우리는 이제 탈수의 강을 넘어 생명의 땅으로 가는 다리에서 수분 섭취를 결심하고 물을 많이 마시지만, 곧 건강이 흔들리는 공진 현상을 만나게 된다. 많은 사람이 저염식이라는 흔들림에 저나트륨혈증과 같은 증상을 겪게 된다. 이 흔들림을 해결할 해법은 미네랄을 충분히 공급하는 것이다. 다음 장에서는 이러한 흔들림을 해결할 미네랄이 우리를 기다리고 있다.

3장
소금이라 쓰고
물이라고 읽는다

물과 소금의 중요성
수분과 소금의 상호작용 메커니즘
소금의 체내 역할
생리식염수와 인류사
소금의 종류와 미네랄 함량
나트륨 적정섭취량
소금의 체내 조절 메카니즘
어떤 소금이 좋은가?

> 어떤 사람을
> 싫어한다는 것은
> 그 사람에 대하여
> 알 시간이 없었다는
> 것을 의미한다.

해리와 셀리가 만날 때(When Harry Met Sally)는 1989년에 개봉한 로맨틱 코미디 영화이다. 영화는 남녀 사이에 진정한 우정이 가능한지에 관한 이야기를 중심으로 전개된다. 영화 속에서 두 주인공은 시카고 대학교를 졸업한 후 뉴욕으로 함께 자동차 여행을 떠난다. 이 여행 동안 그들은 남녀 사이에 우정이 가능한지에 대한 서로 다른 의견을 나누며 충돌한다. 해리는 남녀 간의 순수한 우정은 불가능하다고 주장하지만, 셀리는 가능하다고 믿는다. 시간이 지나면서, 둘은 각자의 길을 가지만 우연히 다시 만나 친구가 된다. 여러 해 동안 그들은 서로의 연애 문제를 상담해 주며 우정을 쌓아가지만, 결국 서로에게 끌리게 된다. 영화는 두 사람이 결국 사랑에 빠지게 되는 과정을 그리고 있다. 이 영화는 단순한 로맨틱 코미디를 넘어 인간관계와 감정의 복잡성을 심도 있게 탐구한 작품으로 평가받고 있다.

어떤 사람이나 사물에 대하여 쉽게 오해하거나 부정적인 감정을 가지는 것은 그에 대하여 알 시간이 없었거나 이해하려는 노력이 부족할 때 생길 수 있다. 이런 비슷한 오해와 부정적인 생각이 소금에도 있다. 그래서 소금에 관한 과학적 앎을 시작해 보려고 한다. 1) 소금의 의료적 효능을 논의하기에 앞서 소금이 인류 역사에 녹아있는 흔적을 조금 나누고 본격적으로 소금의 체내 생리를 살피려 한다.

기원전 3000년 경, 중국에서는 소금의 채취와 생산이 시작되었다. 소금은 제사와 의례에서 중시되었고 무역에서도 중요한 교환 수단이었다. 중국을 최초로 통일했던 진나라는 전국 시대에는 서쪽 변방에 있던 작은 나라였다. 진나라가 전국 시대를 통일할 수 있었던 것은 시황제의 뛰어난 지도력과 법가 사상을 통한 사회 개혁의 성공, 그리고 철기를 이용한 농기구와 무기 제작으로 국방력과 농업 생산력을 높인 덕분이다.

이 모든 것을 가능하게 한 중요한 요소 중 하나가 소금 전매제를 통한 충분한 재정 확보였다. 이를 통해 중앙집권 체제와 해양 네트워크를 구축하고 통일을 이룰 수 있었다. 만리장성 축조, 아방궁 건설, 병마용갱 제작도 모두 소금을 통한 재정 확보로 가능한 일이었다.

로마도 소금으로 일어선 나라이다. 로마는 이탈리아반도 중간에 자리 잡고 있으며, 초기 로마를 세운 이들 중에는 소금 장수들이 있었다. 로마의 중심에 테베레강이 흐르고 있었고, 그 강 하류에서 소금을 만들고 있었다. 소금 판매를 위한 소금 길(Via Salaria)이 만들어지면서 로마의 영역은 점점 확장되었다.

로마가 지중해를 지배하던 카르타고와 충돌하게 된 포에니 전쟁은 지중해 해상권을 차지하기 위한 전쟁으로, 로마가 승리하여 지중해를 '로마의 바다'(Mare Nostrum)로 만들었다. 이 전쟁의 핵심 주제는 시칠리아의 거대 트라파니 염전을 누가 차지하느냐였고, 이에 따라 로마는 도시국가에서 제국으로 성장할 수 있었다. 그런 의미에서 포에니 전쟁은 소금 전쟁이었다. 이렇게 시작된 로마의 소금 길은 "모든 길은 로마로 통한다"라는 격언을 가능하게 했다.

소금으로 세워지고 부강해진 나라는 그 외에도 많다. 베네치아 공국은 소금 무역을 통해 강력한 해양 국가로 성장하였고, 오스트리아-헝가리 제국도 중세 유럽에서 소금 광산을 통해 막대한 부를 축적하였다.

고구려도 건국 과정에서 소금과 깊은 관련이 있다. 고구려를 세운 '주몽'의 이름은 '활을 잘 쏘는 사람'이란 의미이다. 고구려의 활을 '맥궁'이라 불리는데 이는 물소 뿔을 얇게 쪼개 그 조각을 겹겹이 붙여 만든 활로 주변 나라의 활에서는 볼 수 없는 강궁이었다. 그 파괴력과 사거리는 타의 추종을 불허하였고 근접전의 피해를 최소화할 수 있는 탁월한 무기였다. 이 물소 뿔은 원래 남만

(南蠻)의 물산이었다. 남만은 중국 남부 지역에 거주하는 여러 민족을 포괄적으로 지칭하며 현대의 광시, 광둥, 후난, 윈난, 구이저우, 베트남 북부까지 포함한다. 당시 소금이 부족한 남만 사람들이 고구려의 소금과 물소 뿔을 물물교환하는 일로 맥궁이 만들어지게 되었다.

주몽의 처는 졸본 사람 연타발의 딸 소선호였다. 연타발은 남북의 갈사를 오가며 재물을 모아서 부를 이룬 거부였다. 그가 무리를 이끌고 구려하 요하라(具麗河 遼河)에 옮겨와서 고기잡이와 소금 장사를 하게 되더니 주몽이 부곡절을 칠 때 양곡 5,000석을 바쳐 고구려 건국에 힘을 실어주었다. 그렇게 시작된 나라가 고구려이다. 고구려 왕 중에서 소금과 관련된 왕이 또 있다. 미천왕(美川王)이다. 미천왕은 고구려의 15대 왕으로, 그의 초기 생애에 관한 이야기는 소금 장수와 관련이 있다.

소금으로 부유해진 개인도 있다. 독일의 상인 야코프 후거(Jakob Fugger)는 15세기에 소금 무역과 금융을 통해 막대한 부를 축적하였다. 그는 당시 유럽에서 가장 부유한 인물 중 하나였으며, 그의 금융 네트워크는 유럽 전역에 걸쳐 있었다. 소금을 통해 부를 축적한 역사적 인물은 서아프리카 말리 제국의 황제 만사 무사(Mansa Musa, 재위 1312-1337)이다. 말리 제국은 사하라 무역로를 통해 대규모의 소금과 금을 거래하며 막대한 부를 축적했다. 무사는 1324년에 메카로 성지순례를 떠났는데, 그는 순례길에 막대한 양의 금을 기부하고 소비했으며 그가 지나간 지역의 경제에 큰 영향을 미쳤다. 그의 부는 말리 제국의 소금과 금 무역 덕분이었다.

소금으로 부강해진 나라도 있다. 포르투갈은 15세기와 16세기에 소금 무역을 통해 막대한 부를 축적하였다. 소금은 포르투갈의 주요 수출품 중 하나였으며, 이를 통해 대항해 시대에 강력한 해양 제국으로 성장할 수 있었다. 중세 리투아니아는 소금 무역을 통해 경제적 번영을 이루었다. 발트해와 연결된 무역로를 통해 소금을 수출하면서 경제적 기반을 강화하였다. 네덜란드는 종교 박해로부터 도망친 사람들과 함께 소금에 절인 청어로 막대한 부를 축적하였다. 이를 통해 인류 최초의 증권거래소인 암스테르담 증권거래소를 설립할 수 있었다. 이 증권거래소는 현대 자본주의의 기초가 되었다.

중세 유럽에서는 소금은 귀중한 자원이었다. 소금의 주요 생산지는 프랑스와 독일이었으며, 베네치아와 같은 해양 무역 도시는 소금 무역을 통해 번영을 누렸다. 소금세는 여러 유럽 국가의 주요 세입원이 되었다. 근대에 들어서면서 소금은 정치적, 경제적 충돌의 원인이 되기도 하였다. 여러 나라들은 소금을 독점적으로 생산하고 판매함으로써 경제적 이익을 얻었다. 예를 들어, 프랑스에서는 염세(gabelle)가 혁명 전까지 큰 불만의 원인이 되었다. 19세기 인도에서는 영국이 소금세를 부과하자, 마하트마 간디가 주도한 소금 행진이 일어났다. 이는 인도 독립운동의 중요한 사건 중 하나였다.

오늘날 소금은 다양한 용도로 사용된다. 식품 보존과 맛을 내기 위한 조미료의 역할뿐만 아니라, 산업 용도로도 널리 사용된다. 화학 공정에서 염소와 수산화나트륨을 생산하는 데 사용된다. 또한 도로의 얼음을 녹이는 데 사용되는 등 여러 방면에서 활용되고 있다. 현대 산업에서 소금은 다양하게 활용된다. 소금은 염소, 수산화나트륨, 그리고 탄산 나트륨 등의 중요한 화학 물질을 생산하는 데 사용된다. 이들 화학물질은 각종 산업 공정에서 필수적으로 사용된다. 겨울철 도로의 얼음을 녹이기 위해 소금이 사용된다. 소금은 얼음의 녹는점을 낮추어 차량의 안전한 주행을 돕는다. 소금은 물의 경도를 낮추기 위해 사용된다. 경수는 배관에 이물질을 형성하여 문제를 일으킬 수 있는데, 소금은 이를 방지한다.

소금은 특정 작물의 성장 촉진을 위해 사용되기도 한다. 적절한 양의 소금은 토양의 특정 성분을 보충하여 농작물의 생산성을 높인다. 소금은 다양한 식품의 보존과 맛을 내기 위해 사용된다. 고기, 생선, 치즈 등의 식품은 소금을 이용해 오래 보존할 수 있다.

소금은 많은 문화에서 상징적 의미(symbolic meaning)를 지니고 있다. 한국에서는 '귀신을 쫓는' 의미로 집안 구석에 소금을 뿌리기도 한다. 일본에서는 신을 영접하기 위해 정결 의식으로 길에 뿌려졌다. 서양에서는 '소금과 빵'이 환영과 우정을 상징하기도 한다. 기독교에서는 성수에 소금을 넣어 축복하고 정화의 의미를 더하며, 유대교에서는 안식일에 소금을 사용해 빵을 축복하는 의식이 있다. 이러한 의식들은 소금이 가진 상징적 의미를 잘 보여준다. 소금은 단순한 조미료를 넘어 인류 역사에서 경제, 정치, 문화적 측면에서 중요한 역할을 해왔다. 2)

물과 소금의 중요성

인체에서 물은 모든 세포와 장기에서 필수적인 역할을 한다. 물은 체액의 균형을 유지하여 항상성을 지원하고, 혈액과 림프액을 통해 영양소와 산소를 세포로 운반한다. 또한 체온을 조절하고, 노폐물을 배출하며, 소화와 흡수에 관여한다. 물은 관절의 윤활제 역할을 하고 두뇌 기능을 원활하게 작동하게 한다. 한마디로, 물은 인체의 거의 모든 생리적 과정에 필요하며, 적절한 수분 섭취는 건강 유지와 최적의 신체 기능을 위한 생명수이다.

소금 역시 인체에서 중요한 역할을 한다. 나트륨(Na^+)과 염소(Cl^-)는 주요 전해질로서 체내 수분 균형을 유지하고 세포 내외의 삼투압을 조절한다. 나트륨 이온은 신경세포 간 전기 신호 전달을 돕고, 근육의 기능, 즉 나트륨과 칼륨의 균형을 통해 근육 수축과 이완을 조절하여 근육 경련과 피로를 예방한다. 또한 소금은 소화 과정에 깊이 관여하여 위산(HCl) 생산을 촉진하고, 소화 효소가 활성화되도록 한다. 나트륨은 체액량을 조절하여 혈압을 유지하게 한다. 이렇듯 적절한 염분 섭취는 인간 생존에 절대적인 영향력을 가진 생명 물질이다.

용매인 물과 용질인 소금의 결합은 상호작용을 통해 인간의 생존을 위한 다양한 생리 활동을 가능하게 한다. 전해질 균형을 통해 체액의 삼투압과 pH 균형을 유지하고, 신경 자극 전달을 통해 세포막 전위 차이를 조절하며, 근육 수축과 이완을 통해 활동과 생존을 보장한다. 물에 녹은 소금의 나트륨 이온은 체액의 분포와 이동을 조절하여 체내 수분 균형을 유지한다. 물과 소금의 결합으로 인간은 생존과 활동을 할 수 있다. 이 두 물질은 각각 홀로 생명 활동을 할 수 없으며, 함께 일할 때 그 모든 일이 가능하다. 물은 소금의 도움 없이는 몸에 들어갈 수 없고, 소금은 물에 녹지 않으면 세포에 들어갈 수 없다. 이에 물과 소금의 결합을 통해 생명을 위한 생리 작용이 작동된다.

수분과 소금의 상호작용을 논의하기에 앞서 구배, 용매, 용질, 삼투, 능동 수송, 수동 수송과 같은 용어에 대한 개념을 살펴보려 한다.

'**구배**'는 변화의 비율이나 정도를 나타내는 말로, 물리학, 수학, 생물학, 건축학 등 다양한 분야에서 사용된다. 가장 일반적인 예는 농도 구배와 온도 구배이다. 농도 구배는 어떤 물질의 농도가 한 지점에서 다른 지점으로 어떻게 변화하는지를 나타낸다. 예를 들어, 소금물이 있는 쪽과 맹물이 있는 쪽 사이에 농도 구배가 형성된다. 물 분자는 농도가 낮은 쪽에서 높은 쪽으로 이동하려는 경향이 있고, 이는 삼투 현상의 원리 중 하나이다. 온도 구배는 온도가 한 지점에서 다른 지점으로 어떻게 변화하는지를 나타낸다. 뜨거운 커피를 놓아두면 공기와의 온도 구배 때문에 커피의 열이 공기로 이동하면서 커피가 식게 된다.

구배를 언덕의 경사에 비유할 수 있다. 언덕이 가파를수록 구배가 크다고 할 수 있다. 이 경우 물체는 경사가 높은 쪽에서 낮은 쪽으로 힘들이지 않고 자연스럽게 내려간다. 이렇게 쉽게 이동하는 것을 **수동 이동** 또는 수동 수송이라고 한다. 농도 구배에서도 물질은 농도가 높은 쪽에서 낮은 쪽으로 이동하려는 경향이 있다. 방 한쪽에 향수를 뿌리면 시간이 지나면서 방 전체에 향기가 퍼진다. 이는 향수가 높은 농도의 지점에서 낮은 농도의 지점으로 이동하는 농도 구배에 따른 확산 현상이다.

용매와 용질이란 용어도 있다. 용매는 녹이는 물질이고, 용질은 녹는 물질이다. 물은 용매이고 소금과 설탕은 용질이다. **삼투**는 용매가 용질을 녹일 때 일어난다. 마른 콩을 물에 담가 놓으면 콩이 물을 흡수해 불어난다. 콩의 내부는 원래 건조해서 물의 농도가 낮고, 바깥의 물은 농도가 높다. 그래서 물이 콩 속으로 이동해 콩이 불어나는 것이 삼투 현상이다. 김장철에 배추를 절이는 과정에서도 삼투 현상이 일어난다. 소금물과 배추 안의 물에 농도 구배가 형성되고, 삼투 현상에 의해 배추 안의 물이 빠져나가 배추가 절여지게 된다. 이 역시 삼투 현상의 결과이다.

삼투는 자연계와 일상생활에서 중요한 역할을 한다. 예를 들어, 식물의 뿌리에서 물을 흡수하는 과정, 우리 몸에서 물이 세포 안으로 이동하고 머물러 유지되는 과정, 그리고 노폐물을 배출하는 과정 모두 삼투 현상에 의존한다.

수분과 소금의 상호작용 메커니즘

소금이 물에 녹으면 나트륨 이온(Na^+)과 염소이온(Cl^-)으로 분리된다. 이 나트륨 이온은 삼투조절에 중요한 역할을 한다. 삼투조절은 체내 수분과 전해질의 균형을 유지하는 과정이다. 나트륨은 세포외액의 주요 양이온으로, 삼투압을 생성하여 물이 세포막을 통해 이동하는 것을 조절한다. 나트륨-칼륨 펌프(Na^+/K^+-ATPase)는 나트륨을 세포 밖으로, 칼륨을 세포 안으로 능동적으로 수송한다. 이 능동 수송 메커니즘은 세포막을 통한 전기화학적 구배를 유지하는 데 필수적이며, 이는 신경 자극 전달과 근육 수축에 중요하다. 3)

신체의 총수분량은 세포내액(ICF)과 세포외액(ECF)으로 나뉜다. 나트륨과 염소이온은 주로 세포외액에 존재하며, 칼륨과 인산염은 세포내액에 더 많이 집중되어 있다. 이 구획 간의 이온 농도 차이는 세포 기능과 체액 분포를 유지하는 데 중요하다. 신장은 여과 및 재흡수 과정을 통해 혈중 나트륨 농도를 조절한다. 혈중 나트륨 농도가 높을 때 신장은 나트륨 배설을 증가시켜 물도 함께 배출하여 혈액량과 압력을 낮춘다. 반대로, 혈중 나트륨 농도가 낮을 때 신장은 나트륨과 물을 보유하여 혈액량과 압력을 유지한다. 4)

수분이 효과적으로 사용되려면 전해질, 특히 나트륨과 균형을 이루어야 한다. 이 균형은 혈압 유지, 신경 기능 및 근육 수축에 중요하다. 체내에서 염화나트륨(소금)은 물에 용해되면 나트륨(Na^+)과 염소(Cl^-) 이온으로 해리된다. 이러한 이온은 세포와 주변 환경 간의 물 이동을 촉진하여 세포가 적절히 수화되고 기능을 수행할 수 있도록 한다. [5]

물은 삼투압 구배에 따라 나트륨을 따른다. 나트륨이 재흡수되거나 체내에 보유되면 물도 함께 보유되어 세포가 수화 상태를 유지한다. 이를 통해 영양 교환, 가스교환이 이루어진다. 즉, 많은 영양소와 산소를 부족한 조직에 공급하고 그곳에 쌓인 많은 노폐물을 배설기관으로 보내는 일련의 활동이 이루어진다. 이는 세포 팽압 유지와 같은 과정에 중요하다. 그리고 이 모든 과정에서 가장 중요한 것은 소금이 물에 녹아 구배가 형성되어 삼투가 발생해야 수분이 세포 안과 밖으로 이동할 수 있다. [6]

인체 안에서 일어나는 이 모든 생리 활동에는 물과 소금이 함께 필요하다. 그런데 건강한 삶을 위해 물을 많이 마시라고 권장하면서 소금은 많이 먹으면 안 된다고 주장한다. 이는 모순이다. 소금이 없으면 수분은 세포 안으로 들어갈 수 없고 노폐물을 내보낼 수 없다. 이것이 인체가 말하는 생리이다.

내 몸에 나트륨이 부족한 것을 식별하는 일은 매우 쉽다. 자주 소변을 보고 소변이 너무 맑다면 의문을 가져야 한다. 저염식은 혈액 내 나트륨 농도를 비정상적으로 낮춘다. 이 상태가 되면 신장과 소변의 빈도와 색깔에 다양한 변화가 일어난다. 저나트륨 상태가 되면 신장은 체내 수분과 전해질 균형을 유지하기 위해 수분 재흡수를 줄이려고 노력한다. 이 과정에서 항이뇨호르몬(ADH)의 분비가 감소한다. 7)

항이뇨호르몬은 신장에서 물의 재흡수를 증가시키는 호르몬으로, 그 분비가 감소하면 소변의 배출이 증가하게 된다. 그리고 신장은 나트륨을 재흡수하려고 노력한다. 그러나 저나트륨혈증은 일반적으로 체내 수분이 과도하여 나트륨 농도가 희석된 상태이기 때문에, 단순히 나트륨 재흡수만으로는 해결되지 않는다. 그래서 신장은 소변을 더 묽게 만들어 수분을 배출하려고 한다. 이는 체내 수분을 줄이고 나트륨 농도를 상대적으로 높이기 위한 것이다. 8)

혈액 내 나트륨이 낮으면 소변의 빈도가 증가한다. 이는 신장이 과도한 수분을 배출하려고 하는 반응 때문이다. 항이뇨호르몬의 분비가 감소하면서 신장에서 수분의 재흡수가 줄어들고, 결과적으로 더 많은 양의 소변이 생성되고 배출된다. 그때 소변의 색깔은 더 연해진다. 신장이 수분을 더 많이 배출하면 소변이 희석되어 색깔이 연해진다. 일반적으로 소변이 더 투명하거나 옅은 노란색이 된다. 이러한 변화는 신장이 체내 전해질 균형을 유지하기 위해 노력하는 과정의 일환이다. 9)

소금의 체내 역할

소금(NaCl)이 물(H₂O)을 만나 녹으면 나트륨 이온(Na⁺ aq)과 염화 이온(Cl⁻ aq)으로 분리된다. 화학에서 aq는 aqueous의 약자로 "수용액"을 의미한다. 이는 물에 녹아있는 물질을 나타내는 기호이다. NaCl(aq)은 염화나트륨(NaCl)이 물에 녹아있는 상태를 뜻한다.

소금(NaCl)은 인간을 살 수 있게 만드는 중요 전해질이다. 전해질은 체액에 녹아서 이온을 형성하는 물질로 나트륨, 칼륨, 칼슘, 마그네슘 등이 대표적인 전해질이다. 이러한 전해질은 신진대사에 관여하여 세포가 정상적으로 작동하게 도와주므로 우리 몸의 생명 활동에 필수적이다. 주요 역할을 네 가지로 요약할 수 있다.

첫째, 나트륨과 염소이온이 삼투압과 체액 균형에 미친다. 나트륨(Na⁺)과 염소(Cl⁻)이온은 삼투압 균형과 전체 체액 항상성 유지에 중요한 역할을 한다. 이를 설명하기 위해 삼투압 균형, 체액 균형, 전해질 균형, 혈압 조절을 설명한다.

삼투압 균형은 저농도 용질에서 고농도 용질로 물이 반투과성 막을 통해 이동하는 과정이다. 나트륨과 염소 이온은 세포 외액의 삼투 농도를 크게 조절한다. Na⁺와 Cl⁻ 이온의 존재는 삼투압을 생성하여 체액 구획 간의 물 이동을 조절하는 데 중요한 역할을 한다. 예를 들어, 세포 외액에서 이러한 이온의 높은 농도는 세포

외부로 물을 끌어들여 세포의 부피와 기능을 유지한다. 10)

체액 균형은 신장이 여과와 재흡수를 통해 나트륨과 염소 이온의 균형을 조절하는 것이다. 사구체는 혈액을 여과하고, 신세뇨관은 선택적으로 나트륨과 염소를 혈류로 재흡수한다. 이 과정은 알도스테론과 항이뇨호르몬(ADH)과 같은 호르몬에 의해 조절된다.

부신 피질에서 분비되는 알도스테론이 원위 세뇨관과 집합관에서 나트륨 재흡수와 칼륨 배출을 증가시켜, 삼투압 경사를 통해 간접적으로 물 재흡수를 조절한다. 뇌하수체에서 분비되는 항이뇨호르몬(ADH)은 신장의 집합관에서 물 재흡수를 증가시킨다. 고혈중 나트륨 농도는 항이뇨호르몬 분비를 촉진하여 물을 보유하고 혈중나트륨 농도를 희석한다. 11)

전해질 균형은 나트륨-칼륨 펌프(Na^+/K^+-ATPase)가 세포의 전기 화학적 용질 차이를 유지하는 데 필수적이다. 이 펌프는 Na^+을 세포 밖으로, K^+을 세포 안으로 능동적으로 수송하여 세포 내 부피와 막 전위를 조절하는 역할을 한다. 또한 염소 이온은 세포 내외에서 전하 균형을 유지하는 데 도움을 준다. 적혈구에서 염소 이온의 이동은 이산화탄소를 운반할 때 중탄산 이온이 들어오고 나갈 때 전기적 균형을 유지하는 데 중요한 역할을 한다. 12)

혈압 조절은 레닌-안지오텐신-알도스테론 시스템이 혈압과 체액 균형을 조절하는 과정이다. 혈액량이나 압력이 떨어지면, 신장은 레닌을 분비하여 안지오텐신 2를 생성하는 연쇄 반응을 일으킨다. 안지오텐신 2는 혈관을 수축시키고, 알도스테론의 분비를 촉진하여 나트륨과 물의 재흡수를 증가시킨다. 나트륨 보유는 혈액량을 증가시켜 심박출량과 혈압을 높인다. 반대로, 나트륨 배출은 혈액량과 혈압을 감소시킨다. 13)

둘째, 나트륨 이온은 신경세포에서 전기 신호를 전달한다. 이 과정에서 나트륨은 중요한 역할을 한다. 이를 위해 휴지 상태, 탈분극, 재분극, 과분극, 불응기로 설명한다.

휴지 상태는 신경세포가 자극받지 않을 때, 세포막은 나트륨 이온(Na^+)이 세포 외부에 더 많이 존재하도록 유지한다. 이에 세포 내부는 외부에 비해 음전하를 띠게 된다. 이는 나트륨-칼륨 펌프에 의해 유지되며, 이 펌프는 ATP를 사용하여 3개의 나트륨 이온을 세포 밖으로, 2개의 칼륨 이온을 세포 안으로 이동시킨다. 14)

탈분극은 자극이 신경세포에 도달하면, 나트륨 채널이 열리게 된다. 이에 나트륨 이온이 빠르게 세포 안으로 유입되어 세포 내부는 일시적으로 양전하를 띠게 된다.

재분극은 나트륨 채널이 닫히고 칼륨 채널이 열리면서, 칼륨 이온(K^+)이 세포 밖으로 이동하여 세포 내부를 다시 음전하 상태로 되돌린다. 15)

과분극은 칼륨 채널이 천천히 닫히면서 세포 내부는 일시적으로 과도하게 음전하를 띠게 된다. 이 상태는 곧 정상 휴지 전위로 돌아간다.

불응기는 이 시기 동안 신경세포는 일시적으로 새로운 자극에 반응할 수 없다. 이는 다음 신호가 정확하게 전달되도록 보장한다.

이 과정을 통해 나트륨 이온은 신경세포에서 전기 신호를 전달하는 데 필수적인 역할을 한다. 전기 신호는 신경세포의 축삭을 따라 이동하며, 시냅스에서 화학 신호로 변환되어 신경세포로 전달된다. [16]

셋째, 나트륨과 칼륨 이온의 교환을 통해 근육 수축과 이완을 하게 한다. 이를 위해 근육 수축 과정, 근육 이완 과정을 설명한다.

근육 수축 과정은 신경 신호가 근육세포에 도달하면, 나트륨 이온(Na^+)이 세포막을 통해 급격히 세포 내부로 유입된다. 이에 세포 내부의 전위차가 변화하여 탈분극이 발생한다. 탈분극 신호는 근육세포 내 소포체에서 칼슘 이온(Ca^{2+})을 방출하도록 하고, 방출된 칼슘 이온은 트로포닌이라는 단백질과 결합하여 트로포마이오신을 이동시켜 미오신이 액틴과 결합할 수 있도록 한다. 미오신이 액틴 필라멘트를 따라 이동하며 근육 섬유를 수축시킨다. 이 과정에서 ATP(adenosine triphosphate)가 에너지원으로 사용된다. [17]

근육 이완 과정은 나트륨 이온이 세포 내부로 유입된 후, 칼륨 이온(K^+)이 세포 외부로 이동하여 세포 내부의 전위차를 원래 상태로 되돌린다. 이 과정을 재분극이라고 한다. 이 과정에서 세포 내부의 전위가 원래의 음전하 상태로 복귀한다. [18]

넷째, 나트륨이 혈액량과 혈압을 조절한다. 그 구조는 이러하다. 나트륨(Na^+)은 혈액량과 혈압 조절에 중요한 역할을 하며 이 과정은 주로 신장과 호르몬 시스템에 의해 조절된다.

혈압 조절 과정은 혈압이 낮아지면 신장에서 레닌이 분비되는 것으로 시작된다. 레닌은 간에서 생성된 안지오텐시노겐을 안지오텐신 1로 변환시킨다. 안지오텐신 1은 안지오텐신 전환 효소(ACE)에 의해 강력한 혈관 수축제인 안지오텐신 2로 변환된다. 안지오텐신 2는 부신 피질에서 알도스테론의 분비를 촉진한다.

알도스테론은 신장의 원위 세뇨관 및 집합관에서 나트륨 재흡수를 증가시켜 혈액 내 나트륨 농도를 높이고, 이에 수분 재흡수도 증가하여 혈액량과 혈압을 상승시킨다.

혈액량 조절은 신장이 여과된 나트륨의 양을 조절함으로써 이루어진다. 나트륨이 많이 재흡수되면 혈액량이 증가하고, 반대로 나트륨이 많이 배설되면 혈액량이 감소한다. 최근 연구에 따르면, 피부와 근육에도 상당량의 나트륨이 저장될 수 있으며, 이 나트륨은 고혈압과 관련이 있다. 이러한 발견은 23Na-MRI 기술

을 통해 밝혀졌으며, 고혈압 환자에서 나트륨 저장이 더 높은 수준으로 나타난다. 19)

생리식염수와 인류사

생리식염수의 발명과 사용은 의학 역사에서 중요한 전환점이 되었으며, 다양한 분야에서 중대한 영향을 미쳤다. 생리식염수는 체내의 전해질 균형을 맞추기 위해 사용하는 일종의 소금물로 0.9%의 염화나트륨(NaCl)을 포함하고 있다. 이 용액은 혈액과 유사한 삼투압을 가지기 때문에 '생리적'이라는 이름이 붙여졌다.

생리식염수는 의료에서 사용된다. 그 대표적인 것이 수액 요법이다. 생리식염수는 탈수, 전해질 불균형, 수술 후 회복 등에 사용된다. 특히 수액 요법에서 중요하며 혈액량을 보충하거나 약물의 용해와 전달에 사용된다. 또 감염 예방을 위해 상처를 세척하고 안과에서도 눈의 세척과 렌즈 보관 용액으로 사용된다. 호흡기 치료에도 이용된다. 네뷸라이저(Nebulizer)에 사용되어 호흡기 질환 치료에 도움을 준다. 네뷸라이저는 액체 형태의 약물을 미세한 안개로 변환하여 호흡기를 통해 흡입할 수 있도록 하는 장치이다. 이 장치는 천식, 만성 폐쇄성 폐질환, 낭포성 섬유증 등과 같은 호흡기 질환을 치료하는 데 사용된다. 20)

생리식염수는 생리적 연구에 활용된다. 생리식염수는 다양한 생리학적 연구와 실험에서 중요한 역할을 한다. 동물 모델에서의 실험이나 세포 배양에서 기본 용액으로 자주 사용된다.

생리식염수는 인류사에 큰 영향을 미쳤다. 생리식염수의 도입은 현대 의학의 발전에 크게 이바지했다. 수액 요법의 발전은 응급 치료, 수술 후 회복, 만성 질환 관리 등에 획기적인 변화를 가져왔다. 전염병 관리에도 큰 도움을 주고 있다. 생리식염수는 콜레라와 같은 전염병 치료에 중요한 역할을 하였다. 콜레라로 인한 심각한 탈수 치료에 효과적이었다. 전쟁과 응급 의료에도 크게 활용된다. 전쟁 중 부상자 치료와 응급 상황에서의 신속한 수액 공급은 생리식염수의 중요성을 더욱 부각한다. 21)

생리식염수의 발명과 관련된 특정한 한 명의 발명자를 지칭하기는 어렵지만, 19세기 중반 콜레라 치료를 위해 독립적으로 이 용액을 개발한 여러 의사가 있었다. 특히 영국의 의사 토마스라타(Thomas Latta)는 1832년 콜레라 유행 시 생리식염수를 이용한 치료법을 최초로 시도한 사람 중 하나로 알려져 있다. 생리식염수의 발명은 의학적 치료와 연구에 혁신을 가져왔으며, 현대 의학에 없어서 안 될 중요한 도구로 자리 잡았다. 22)

링거액의 역사는 주로 수액 요법에서 사용되는 용액으로, 체내 수분과 전해질 균형을 유지하는 데 중요한 역할을 한다. 링거액의 개발 과정은 많은 시행착오와 성공의 연속이었다.

링거액은 19세기 영국의 의사인 시드니 링거(Sydney Ringer,

1835~1910)에 의해 처음 개발되었다. 그는 원래 실험에서 개구리의 심장을 보존하기 위해 다양한 용액을 시험하고 있었다. 초기 실험에서 링거는 생리식염수만으로는 충분하지 않다는 것을 발견하였다. 특히 단순한 염화나트륨 용액은 심장 기능을 제대로 유지하지 못하였다.

링거액 발명 당시 생리식염수만 사용했을 때 실패하였고 조수가 영국 수돗물을 추가하여 성공했다는 일화는 링거액의 역사에서 중요한 부분으로 알려져 있다. 시드니 링거는 다양한 실험을 통해 올바른 전해질 조합을 찾고자 했으며 그 과정에서 여러 시행착오를 겪었다. 시드니 링거의 초기 실험은 단순한 염화나트륨 용액이었으나, 심장 기능을 제대로 유지하지 못해 실패하였다. 그의 조수 중 한 명이 우연히 수돗물을 사용하여 실험했을 때 개구리의 심장이 더 잘 기능하는 것을 발견하였다. 이에 링거는 수돗물에 포함된 다양한 미네랄이 중요하다는 것을 깨닫게 되었다. 23)

영국 수돗물에는 다양한 미네랄이 포함되어 있었다. 당시 수돗물에는 주로 칼슘(Ca^{2+}), 마그네슘(Mg^{2+}), 칼륨(K^+), 염화 이온(Cl^-), 나트륨(Na^+) 이 미네랄들은 각각 심장 기능 유지와 전해질 균형에 중요한 역할을 한다. 24)

이에 링거는 여러 가지 다른 염류와 화합물을 추가하였다. 특히 칼륨과 칼슘을 포함한 용액을 만들었고 이는 개구리 심장의 기능을 유지에 효과적임을 발견하였다. 이 새로운 용액은 오늘날 링거액의 기초가 되었다. 시간이 지나면서 링거액의 성분은 더욱 정교하게 조정되었다. 현재 사용되는 링거액에는 나트륨, 칼륨, 칼슘, 염화 이온 등이 포함되어 있으며 필요에 따라 젖산염(lactate) 또는 아세트산염(acetate) 등이 첨가된다. 25)

링거액의 구성과 효능은 체내 수분과 전해질 균형을 유지하기 위해 사용하는 정맥 주사액이다. 수분이 부족한 상태에서 신체에 수분을 공급하여 체액 보충한다. 또 전해질 균형을 유지하게 한다. 나트륨, 칼륨, 칼슘, 염화 이온 등 중요한 전해질을 보충하고 산-염기 균형을 조절한다. 체내 산-염기 균형을 유지에 도움을 준다. 또 체액량을 유지하여 혈압 안정에 도움을 준다. 링거액의 성분은 다양하지만, 대표적으로 사용되는 정상 링거액(lactated Ringer's solution)의 주요 성분은 나트륨(sodium, Na^+) 130mEq/L, 칼륨(potassium, K^+) 4mEq/L, 칼슘(calcium, Ca^{2+}) 3mEq/L, 염화 이온(chloride, Cl^-) 109mEq/L, 젖산염(nactate) 28mEq/L 등이다.

링거액은 수액을 통해 체내 전해질 균형을 맞추는 데 사용된다. 전해질은 세포 기능, 신경 자극 전달, 근육 수축 등 다양한 생리적 과정에서 중요한 역할을 한다. 특히, 정상 링거액은 혈장의 전해질 농도와 유사하여 체내 전해질 균형을 효과적으로 유지하는 데 도움이 된다. 26)

수혈과 링거액은 어떤 차이가 있는가? 수혈은 환자의 혈액량을 보충하거나 특정 혈액 성분을 공급하는 데 사용되며, 반드시 혈액형이 일치해야 한다. 혈액형이 맞지 않으면 면역 체계가 이를 외부 물질로 인식해 공격하여 용혈 반응을 일으킬 수 있으며, 이는 생명에 위협이 될 수 있다. A형, B형, AB형, O형의 각 혈액형은 고유한 항원과 항체를 가지고 있으며, 혈액형이 맞지 않으면 항체가 항원을 공격해 응집 반응을 유발한다.

링거액의 유용성은 모든 환자에게 안전하게 사용할 수 있다. 링거액은 혈액 대체제가 아닌 체액과 전해질 보충 용액으로, 모든 환자에게 안전하게 사용될 수 있다. 링거액은 나트륨, 칼륨, 칼슘, 염화 이온 등 필수 전해질을 포함하고 있으며, 이는 체내 전해질 균형을 유지하는 데 도움을 준다. 이러한 성분은 정상적으로 혈액 내에 존재하는 물질로 면역 반응을 일으키지 않는다. 또 항원이 없다. 링거액에는 혈액형 항원(A, B)이 포함되어 있지 않기 때문에 혈액형과 무관하게 사용될 수 있다. 또 링거액은 광범위하게 적용된다. 링거액은 수술 후 회복, 탈수, 쇼크 상태 등 다양한 상황에서 체액 보충에 유용하다. 27)

이상적인 링거액은 만들 수 없다. 링거액은 수액 요법에서 체내의 수분 및 전해질 균형 유지에 중요한 역할을 하지만, 인체에 존재하는 모든 미네랄을 포함한 "이상적인" 링거액이 없는 이유는 여러 가지가 있다. 이러한 한계는 생리학적, 생화학적, 임상적 요인들이 복합적으로 작용한 결과이다.

이상적인 링거액을 만들 수 없는 첫 번째는 개인별 요구가 다양하기 때문이다. 사람마다 전해질과 미네랄 요구량이 다르다. 이러한 요구는 나이, 성별, 체중, 건강 상태, 현재 병력 등에 따라 크게 달라질 수 있다. 또 질병 상태에 따른 요구가 다르다. 신부전, 간부전, 심부전 등은 특정 미네랄의 필요를 증가시키거나 감소시킬 수 있다. 미네랄 사이의 상호작용이 복잡한 이유도 있다. 인체 내 미네랄은 복잡한 상호작용을 한다. 한 미네랄의 농도가 변하면 다른 미네랄의 흡수, 분포, 배설에 영향을 미칠 수 있다. 일례로 칼슘과 인은 상호작용하여 뼈 형성에 중요한 역할을 하나 불균형 시에는 문제가 될 수 있다. 또 균형 유지의 어려움도 있다. 모든 미네랄을 포함하려면 이들 간의 균형을 적절히 맞추는 것이 어렵다. 잘못된 비율은 오히려 건강에 해로울 수 있다.

용해도와 안정성 문제도 있다. 모든 미네랄이 수용액 상태에서 안정적으로 존재할 수 있는 것은 아니다. 특정 미네랄은 용해도 문제가 있어 고농도로 포함하기 어렵다. 화학적 안정성도 있다. 일부 미네랄은 용액 내에서 시간이 지나면서 화학적으로 변할 수 있어, 장기간 보관이 어렵다.

임상적 실용성에 문제가 생길 수 있다. 임상적으로 다양한 상태의 환자에게 모두 맞는 하나의 링거액을 만드는 것은 불가능하다. 대신 특정 상황에 맞는 맞춤형 용액이 더 실용적이다. 탈수, 출혈, 전해질 불균형 등 다양한 상황에서 링거액의 구성이 달라질 필요가 있다. 28)

소금의 종류와 미네랄 함량

소금은 다양한 제조 방식에 따라 여러 종류로 분류된다. 각각의 제조 방식은 소금의 성질과 용도를 결정짓는다. 다음은 주요 제조 방식에 따른 소금의 종류이다.

암염(rock salt)은 지하에 매장된 소금 광산에서 채굴한 소금이다. 이 소금은 자연 상태로 존재하며 주로 대규모 공업용으로 사용된다. 식용으로 사용되기도 하지만 채굴 후 정제 과정을 거쳐야 한다. 대표적인 제품이 히말라야 핑크 소금(Himalyan salt)이다.

암염에 속한 히말라야 소금은 80가지 이상의 미네랄이 있다고 알려져 있고 특히 분홍색을 띠는 것은 철 함유로 인한 것이다. 미네랄 함량은 나트륨 38.26%, 염소 59.09%, 칼륨 0.35%, 칼슘 0.405%, 마그네슘 0.016%, 철 38.9ppm, 아연 2.38ppm, 구리 0.56ppm으로 정제염에 비하면 미네랄이 약 2.74% 더 많다.

소금물 소금(salt in brine)은 소금물을 증발시켜 소금을 얻는다. 이 방법은 자연적인 태양 증발 방식과는 다르며, 주로 인공적인 증발 방식이 사용된다. 이 소금은 염화나트륨 순도가 높고 제조 과정에서 제어가 쉽고 일정한 품질을 유지할 수 있다. 이 소금은 작은 입자로 생산되어 다양한 용도로 사용하기에 적합하다. 천연 염수나 바닷물 또는 소금 광산에서 채굴된 염수를 사용하며 소금물에서 불순물을 제거하기 위해 정제 과정을 거친다. 이 과정에서 소금물은 여과되고 화학적 처리나 침전 등을 통해 순수한 소금물만 남게 된다.

정제된 소금물은 증발기로 보내져 가열 과정에서 물이 증발하면서 소금이 결정화된다. 진공 증발법(vacuum pan method)도 사용되며 이 방법은 낮은 온도에서 물을 증발시켜 소금을 얻는 방식으로 에너지 효율이 높고 소금의 순도가 높아진다. 소금물 소금은 염화나트륨 함량이 99% 이상이다. 대표적인 소금은 미국산 모튼 소금 (Morton salt)과 다이아몬드 크리스탈 소금(diamond crystal salt)이고, 캐나다산 윈저 소금(Windsor salt)이 있다.

태양 소금(solar salt) 은 바닷물을 증발시키는 과정에서 자연적으로 얻는 소금이다. 태양열과 바람을 이용해 바닷물을 증발시켜 소금을 남기며 자연적으로 생성된 소금 결정은 수확 후 세척과 건조 과정을 거친다. 대표적인 제품은 프랑스의 게랑드(Guerande)와 브르타뉴 지역에서 생산되는 켈틱 소금도 태양 소금에 속한다. 말도니(Maldon) 소금은 영국 에식스 말든에서 생산되며 큰 결정 구조와 바삭한 질감을 가지고 있으며 플레이크 형태가 특징이다.

우리가 익히 아는 천일염(Sea Salt)은 태양 소금이다. 특징은 바닷물을 증발시켜 염분을 얻고 햇빛과 바람을 통해 증발하기에 천연미네랄이 풍부하고 소금의 결정이 크다. 미네랄 함량은 나트륨 33.1%, 염소 54.4%, 칼륨 0.215%, 칼슘 0.161%, 마그네슘 0.481%, 철 9.86ppm, 아연 1.97ppm, 구리 2.47ppm 등을 품고 있다. 세계의 명품 소금은 태양 소금이 많다. 이는 풍부한 미네랄이 함유된 것과 관련이 있다.

진공 증발 소금(vacuum pan salt)은 진공 증발기를 사용하여 소금물을 농축시켜 만드는 소금이다. 이 방법은 매우 순도 높은 소금을 생산할 수 있어 식용 소금으로 주로 사용된다. 대표적인 제품은 셀티나(Celtina) 소금이다.

진공 증발 소금 중에 많은 나라 사람이 사용하는 정제염으로 식탁에 오르는 소금(Table Salt)이다. 이 소금은 염수를 증발시킨 후 화학적으로 정제하여 나트륨과 염소만 남기는 제조과정을 거친다. 나트륨 39%, 염소 59%, 칼륨 0.02%, 칼슘 0.03%, 마그네슘 0.01%로 기타 미네랄은 거의 제거하고 순수한 나트륨과 염소만 남긴다. 요오드와 항응고제를 추가할 수 있다. 특징이요 장점은 깨끗하고, 미세한 결정 구조를 갖고 염도가 균일하여 공산품 식용으로 통용되고 있다.

기타 제조 방식에 따른 소금으로 다양한 제조 방식에 따라 특수한 소금들이 있다. 플레이크 소금(flake salt)은 얇고 부서지기 쉬운 소금 결정으로, 주로 요리에 사용된다. 연화 소금(fluoridated salt)은 불소를 첨가하여 만든 소금으로 충치 예방을 위해 사용되고, 요오드화 소금(iodized salt)은 요오드가 첨가된 소금으로 요오드 결핍 예방을 위해 사용된다.

이처럼 제조 방식에 따라 소금의 형태와 용도가 다양하게 분류되며 각 소금은 특정한 용도와 특성이 있다.

나트륨 적정섭취량

인체가 가장 쾌적한 상태를 유지하기 위한 최적의 체내나트륨 농도는 일반적으로 135~145mEq/L로 알려져 있다. 이 범위를 유지해야 신장과 기타 호르몬 시스템이 나트륨과 수분의 균형을 적절히 조절할 수 있다고 한다. 한편 세계보건기구(WTO)는 하루 1,500mg 이하의 나트륨 섭취를 권장한다. 그러면 위의 두 설명은 같은 내용에 대한 다른 표현인가? 아니면 일치할 수 없는 모순을 말하는 것인가? 이것은 합리적 의문이고 적절한 질문이다. 성인 평균 체액량은 체중, 나이, 성별, 직업에 따라 다르지만, 일반적으로 체중의 약 60%를 차지한다. 이는 남성의 경우 약간 더 높고, 여성의 경우 약간 더 낮다. 남성은 평균적으로 체중의 60%가 체액이고 여성은 평균적으로 체중의 약 50~55%가 체액이다.

이미 언급하였듯이 생리식염수의 발명은 인류사에 획기적인 사건 중 하나이다. 이를 부정할 사람은 없을 것이다. 70kg 남성의 경우 체액량 42리터(70kg×0.60)는 42,000mL이므로 총 염화나트륨은 42,000mL×0.9g/100mL=378g이다.

염화나트륨의 몰질량은 약 58.44g/mol이며, 나트륨의 몰질량은 약 23g/mol이다. 따라서 소금 1g은 나트륨 0.393g을 포함한다. 0.9g NaCl×0.393=0.3537g 나트륨은 353.7mg이다. 따라서 42리터 체액에 포함된 나트륨의 양은 378g×0.393=148.614g이다. 그러면 하루 1,500mg의 나트륨 섭취로 체내나트륨의 총량과 균형을 맞출 수 있는가? 이는 불가능하다. 작아도 너무 작은 양이다. 체내나트륨은 매일 배출하고 보충을 반복한다고 할 때 앞뒤가 너무 안 맞는다. 이상해도 너무 이상하다. 혹자는 세계보건기구가 거대한 공룡 제약회사의 협상과 밀착 결과라고 성토하기도 한다.

제임스 디니콜란토니오(Dr. James DiNicolantonio)의 저서 『The Salt Fix』는 수많은 논문을 검토한 결과물을 담은 책이다. 그런데 정직한 의료인들이 연구하여 내어놓은 수많은 논문을 검토하고 종합한 결과 세계보건기구의 권장량은 인체에 적당하지 않다고 말한다. 일반적으로 권장되는 하루 1,500mg의 나트륨 섭취가 대부분 사람에게 부족할 뿐 아니라 건강을 해칠 수도 있다고 주장한다. 그는 높은 나트륨 섭취가 실제로 건강에 더 유익할 수 있다고 설명하며 최적의 하루 나트륨 섭취량은 일반적으로 3,000~5,000mg, 운동을 하는 날에는 최대 7,000mg까지 필요할 수 있다고 주장한다. 그는 역사적으로 인간이 훨씬 더 많은 양

의 소금을 섭취해 왔으며, 오늘날의 고혈압 문제와는 큰 연관이 없다고 지적한다. 29)

잠시 근세의 한국과 로마 시대 소금 사용에 관한 기록을 살펴보려고 한다.

1947년 2월 28일 동아일보 석간 2면(사회면)의 제목에 소금 수용량 삼십여만 톤 소금 없어 비명 치는 가정의 실정 [소금 需用量 三十萬噸에 生産은 不過十餘萬噸 소금 없어 悲鳴치는 家庭의 實情]이란 기사에서 "조선 사람은 평균 1년에 15근의 소금을 사용하고 있다"라고 기사화하였다. 30)

1년에 15근(15근×600g)은 9kg이다. 이는 1일 25g 정도의 소금을 먹었다는 말이다. 당시에는 어린아이들을 많이 낳았다. 이런저런 사정을 고려해 볼 때 성인은 30g 이상을 먹었다는 계산이 된다. 그런데도 그 시절 사람에게 고혈압 등 심혈관 질환을 찾기 어려웠다. 소금이 고혈압의 원인이라는 주장에 대한 의문을 제기하는 항목이다.

고대 로마에서는 다양한 사회 계층에 따라 소금 소비량이 크게 달랐다. 역사적 기록에 따르면, 로마의 노예들도 연간 약 7kg의 소금을 배급받았다고 한다. 이것을 환산하면 하루 19.2g의 식염을 섭취하였다는 말이다. 이는 그들의 식단과 음식 보존에 필수적이었기 때문이다. 31)

로마의 엘리트와 귀족들의 소금 소비량은 이보다 훨씬 많았을 것으로 보인다. 구체적인 수치는 기록이 부족하지만, 여러 가지 정황으로 볼 때 그들의 소금 소비량이 많았을 것으로 추정된다. 부유한 로마인들은 다양한 음식을 접할 수 있었고, 이들 중 많은 음식이 소금으로 보존되었다. 여기에는 고기, 생선, 다양한 조미료가 포함된다. 가룸(Garum)과 같은 소금에 절인 고급 음식들은 엘리트들 사이에서 인기가 많았으며, 이는 그들의 소금 섭취를 증가시켰다. 부유한 계층은 더 많은 소금과 다른 보존 음식을 살 경제적 여유가 있었다. 32)-33)

제임스 디니콜란토니오의 언급으로 다시 돌아와서, 낮은 나트륨 섭취가 인슐린 저항성 증가, 장기 혈류 감소, 마그네슘 및 칼슘과 같은 필수 미네랄의 손실을 초래할 수 있다고 강조한다. 이러한 결핍은 만성 피로, 당분 갈망, 저혈압 등의 증상을 유발할 수 있으며, 더 심각한 건강 문제로 이어질 수 있음을 언급한다.

위 내용에서 그는 낮은 나트륨 섭취가 인슐린 저항성 증가를 초래할 수 있다고 강조하였는데 그 구조는 다음과 같다. 저염식 식이 등으로 나트륨 공급이 적으면 저나트륨혈증이 생기고 이에 인슐린 저항성을 생긴다. 나트륨 수치가 낮아지면 세포 내 칼슘 농도가 증가하고, 이에 염증 반응이 촉진된다. 염증 반응이 증가하면 인슐린 수용체의 기능이 저하되고 세포가 포도당을 제대로 흡수하지 못하게 되어 인슐린 저항성이 생긴다. 이와 같은 메커니즘은 염증성 사이토카인(예: IL-6, TNF-α)이 인슐린 신호 경로를 방해하면서 더욱 복잡해진다. 이러한 사이토카인들은 염증을 유발하고, 염증이 만성화되면 인슐린 저항성이 악화할 수 있다. 34)

결론적으로 그는 전통적인 소금 섭취에 대한 관점을 재평가하고 최근의 과학적 발견을 기반으로 식이 지침을 수정할 것을 권장한다. 그는 사람마다 개별적인 필요에 따라 소금 섭취를 조절하고, 저염식에 엄격하게 따르지 말 것을 주장한다.

소금의 체내 조절 메커니즘

인체는 나트륨의 균형을 유지하기 위해 복잡한 메커니즘을 사용한다. 나트륨이 과도하게 섭취되면 체내에서 이를 배설하고, 부족하면 재흡수하는 과정을 통해 균형을 맞춘다. 이러한 과정은 주로 신장에서 이루어진다.

나트륨이 과도하게 섭취되면 신장은 여과 과정을 통해 나트륨을 소변으로 배출한다. 이 과정은 주로 신장 피질의 사구체에서 시작되며, 나트륨이 세뇨관을 통해 여과된다. 나트륨 배설은 안지오텐신 2와 알도스테론이라는 호르몬에 의해 조절된다. 이 호르몬들은 신장에서 나트륨 재흡수를 억제하여 나트륨이 소변으로 배출되도록 한다. 35)

나트륨이 부족하면 신장은 나트륨을 재흡수하여 체내나트륨 균형을 유지한다. 이 과정은 주로 근위 세뇨관과 원위 세뇨관에서 이루어진다. 안지오텐신 2와 알도스테론은 나트륨 재흡수를 촉진하여 체내 나트륨 농도를 높인다. 이 호르몬들은 나트륨-칼륨 교환 펌프의 활성을 증가시켜 나트륨이 세뇨관에서 혈액으로 재흡수되도록 한다. 36)

저혈중나트륨증(hyponatremia)은 혈중나트륨 농도가 비정상적으로 낮은 상태를 말한다. 이는 주로 나트륨의 섭취 부족, 나트륨의 과도한 배설, 또는 미네랄 나트륨 없이 과도한 수분 섭취로 인해 발생한다. 저혈중나트륨증의 증상으로는 두통, 혼돈, 피로, 근육 경련, 메스꺼움, 구토, 심한 경우 발작과 혼수상태 등이 있다.

저혈중나트륨증의 원인은 대략 세 가지이다. 첫째, 저염식과 과도한 수분 섭취는 나트륨 농도를 낮춘다. 둘째, 항이뇨호르몬이 과다 분비되어 수분이 과도하게 재흡수되어 저혈중나트륨증이 발생할 수 있다. 셋째, 신장이 정상적으로 기능하지 못하면 나트륨을 효과적으로 재흡수하지 못해 저혈중나트륨증이 발생할 수 있다. 37)

여기서 항이뇨호르몬(ADH) 과다 분비와 수분 재흡수 메커니즘을 자세히 설명하면 이렇다. 항이뇨호르몬(ADH), 또는 바소프레신은 뇌의 시상하부에서 생성되고 뇌하수체 후엽에서 분비된다. 항이뇨호르몬은 신장에서 수분 재흡수를 촉진하여 체내 수분 균형을 유지하는 중요한 역할을 한다. 항이뇨호르몬이 과다 분비되면 수분이 과도하게 재흡수되어 저나트륨혈증을 유발할 수 있다.

항이뇨호르몬 과다 분비는 이런 생리 구조로 되어 있다. 체내 수분 상태 감지는 시상하부의 삼투압 수용체가 혈액 내 삼투압 변화를 추적하면서 알게 된다. 혈액 삼투압이 증가하면 시상하부는 항이뇨호르몬 분비를 자극하여 신장에서 수분 재흡수를 촉진한다. 반대로, 삼투압이 감소하면 항이뇨호르몬 분비가 억제된다. 38)

항이뇨호르몬 분비는 혈압과 혈액량에 의해 조절된다. 혈액량이 감소하거나 혈압이 낮아지면, 항이뇨호르몬 분비가 증가하여 신장에서 수분 재흡수를 촉진하고 혈압을 상승시킨다. 이 과정은 주로 레닌-안지오텐신-알도스테론 시스템(RAAS)에 의해 조절한다. 39)

스트레스, 통증, 구토, 약물 등 다양한 신경 자극이 항이뇨호르몬 분비를 촉진할 수 있다. 특히, 심한 스트레스나 수술 후 회복 기간에는 항이뇨호르몬 분비가 증가할 수 있다.

항이뇨호르몬 부적절 분비 증후군(SIADH)은 항이뇨호르몬이 과도하게 분비되는 질환으로, 주로 종양, 중추신경계 질환, 폐질환, 약물 등에 의해 발생한다. 이에 따라 신장에서 수분이 과도하

게 재흡수되어 저나트륨혈증을 유발할 수 있다. 40)

인체 내에서 소금(나트륨)의 조절은 호르몬, 신경 및 신장 메커니즘의 복잡한 상호작용을 포함한다. 주요 호르몬으로는 알도스테론과 글루코코르티코이드가 있으며, 이들은 나트륨과 수분 균형을 조절한다. 알도스테론은 부신피질에서 생성되며, 나트륨 수치가 낮거나 혈압이 낮을 때 신장에서 나트륨 보유를 증가시킨다. 반대로 나트륨 수치가 높을 때는 알도스테론 분비가 감소하여 나트륨 배출을 촉진한다.

뇌 역시 갈증과 소금 섭취 욕구를 조절하는 중요한 역할을 한다. 특히 교뇌주변핵(Parabrachial nucleus, PBN)의 특정 뉴런들은 물이나 소금을 섭취했을 때 활성화되어 갈증과 소금 섭취 욕구를 억제함으로써 체액 항상성을 유지한다. 이러한 신경 메커니즘은 체내 필요에 따라 섭취 행동을 조정한다.

최근 연구에 따르면 소금 조절은 단순히 체액 균형 유지뿐만 아니라 대사 과정과도 관련이 있다. 고염식은 알도스테론과 글루코코르티코이드와 같은 호르몬 수치에 영향을 미쳐 에너지 대사와 신장에서의 요소 생성에 영향을 준다. 이러한 복잡한 균형은 신체가 나트륨 수치를 관리하면서도 수분을 보존할 수 있도록 도와준다. 이는 전체적인 대사 건강에 중요하다.

지금까지 소금의 체내 조절 메커니즘에 의하면 몸에서 원하는 대로, 당기는 대로 물과 소금을 먹고 마시면 인체가 스스로 조절하는 항상성을 발휘한다는 말이다. 앞으로 설명할 '당김의 미학'에서 그 오묘한 원리를 설명하려고 한다. 뒤에 물을 많이 마시라는 강요도 저염식을 해야 한다는 말도 하루 나트륨 권장량 1500mg도 과학적이지 않다는 것이 소금과 물의 체내 조절 메커니즘이 전하는 지식이다.

오늘날 나트륨의 과다 섭취가 고혈압을 유발한다고 강조되지만, 칼륨 부족으로 인한 불균형도 고혈압의 중요한 원인이다. 체내 항상성 유지에 있어 나트륨과 칼륨의 균형이 필수적이다. 나트륨이 과다하면 혈액량이 증가해 혈압이 상승하고, 칼륨이 부족하면 나트륨 배출이 감소해 혈압 조절이 어려워진다. 따라서 고혈압 예방을 위해서는 나트륨과 칼륨 섭취의 균형이 중요하다.

어떤 소금이 좋은 소금인가?

다양한 미네랄이 종합적으로 들어있는 소금이 좋은 소금이다. 이 부분은 미네랄을 집중 조명하는 곳에서 더 자세히 설명하겠다. 아무튼 나트륨 섭취가 많을 때 칼륨을 적정량 섭취하면 나트륨 배출이 쉽게 이루어진다. 이는 다양한 미네랄이 어우러져 상승작용을 하기 때문이다.

나트륨과 칼륨은 우리 몸에서 중요한 미네랄이다. 나트륨은 주로 소금에 들어 있고 칼륨은 과일과 채소에 많이 있다. 이 두 미네랄은 몸의 수분 균형을 유지하고 혈압 조절에 중요한 역할을 한다. 나트륨을 많이 섭취하면 우리 몸은 수분을 더 많이 저장하려고 한다. 이에 혈압이 일시적으로 올라가지만, 나트륨과 칼륨을 균형 있게 섭취하면 나트륨이 몸에서 저절로 배출된다. 쉽게 말해 나트륨을 많이 먹었을 때 칼륨을 적정량 먹으면 나트륨이 소변으로 배출되기 쉬워진다. 이는 칼륨이 나트륨을 소변으로 몰아내기 때문이다.

예전에 산후 부기가 심할 때 옛 선조들은 늙은 호박을 달여 먹었다. 늙은 호박에는 칼륨이 많아 물을 물고 있는 나트륨을 몰아내기 위한 것이었다. 늙은 호박, 특히 겨울 호박 종류는 비타민 A, 비타민 C, 칼륨, 식이섬유 등의 영양소가 풍부하다. 칼륨은 체내 나트륨 수치를 조절하고, 근육 기능과 심혈관 건강에 중요한 역할을 한다. 늙은 호박을 식단에 포함하면 이러한 영양소를 효율적으로 섭취할 수 있다.

현대의 대중 매체는 나트륨 과다 섭취에 초점을 맞추고 마치 마녀사냥 하듯이 나트륨의 피해를 공격한다. 이는 인체 생리를 무시한 무지를 들어낼 뿐 아니라 그것이 전문가의 주장이라면 그 불순한 의도를 의심하게 한다. 나트륨과 칼륨 둘 다 중요한 기능을 하며, 그들의 균형과 조화를 통한 건강의 유익을 강조해야 한다. 지혜로운 환자가 좋은 의사를 찾아가듯이 현명한 지식인은 나트륨과 칼륨이 인체에서 항상성을 위한 좋은 협력자라는 사실을 이해하고 선용하는 지혜가 필요하다.

어떤 물이 좋은 물이냐는 질문에 미네랄이 충분한 물이라고 답했듯이 어떤 소금이 좋은 소금이냐는 질문에도 미네랄이 충분한 소금이라고 답할 수 있다. 다음 장에서는 미네랄에 대해 구체적으로 살펴보고, 정말 건강에 좋은 소금, 병도 이길 수 있고 질병을 치료할 수 있는 소금에 관해 알아보려 한다. 41)

1936년 11월 12일 개통된 미국 샌프란시스코의 베이 브리지(Bay Bridge)와 1937년 5월 27일 개통된 골든 게이트 브리지(Golden Gate Bridge) 두 다리는 샌프란시스코만 지역을 연결하며 각각의 역할을 통해 상승효과를 내고 있다. 베이 브리지가 샌프란시스코와 이스트 베이 지역의 오클랜드 등을 연결하여 주요 통근 및 물류 교통을 담당하는 반면, 골든 게이트 브리지는 샌프란시스코와 북쪽 마린 카운티를 연결하며 관광과 교통의 역할을 하고 있다.

베이 브리지는 일상적인 상업 활동과 물류를 지원하여 경제적 활력을 제공하고, 관광객들은 골든 게이트 브리지를 방문하며 지역 경제에 도움을 준다. 베이 브리지는 지역 주민들에게 필수적인 교통수단으로 실용적인 가치를 지니고, 골든 게이트 브리지는 문화적, 역사적으로 중요한 장소로 많은 영화와 사진의 배경이 된다. 이처럼 샌프란시스코의 두 다리는 각각의 기능과 역할을 통해 도시와 지역 사회에 긍정적인 상승효과를 제공하고 있다.

물과 소금 그리고 미네랄의 결합은 인체에서 여러 가지 생리적 상승효과를 가져온다. 이들의 적절한 조화와 균형을 통해 건강한 삶을 누릴 수 있다.

4장
소금이라 말하고
미네랄이라고 이해한다

칼슘의 역할과 효능
미네랄이란
잃어버릴 미네랄
흙 먹는 사람 이야기
당김의 미학
미네랄 부족 현상
인체와 흙의 원소 유사성
최적의 조합은 아무도 모른다
미네랄의 상승효과
해수와 체액의 유사성
바닷물과 인체의 원소는 비슷하다
미네랄의 보고 바닷물
건강에 좋은 소금
소금 맛을 결정하는 요인
해수 농업
해풍과 수목

사진 : 볼리비아 우유니 소금사막

> 큰 의심은 크게 진보하게 하고
> 작은 의심은 작게 진보하게 만든다.
> 의심이 없으면 참된 진보(進步)는 없다.
> 그러므로 의심은 결점이 아니다.
> 다만 의심의 방향이 문제이다.

한 변호사가 아름다운 여인과 깊은 사랑에 빠졌다. 그러자 절친한 친구가 그녀와의 관계를 정리하라고 충고한다. 이유인즉 그녀가 최고급 매춘부라는 것이다. 하지만 변호사는 그 말을 믿지 않고 둘은 마침내 결혼한다. 그러나 결혼 후 아내가 종종 집을 비우는 것을 알게 되자 마침내 아내를 의심하기 시작한다. 그리고 매춘을 연결해주는 골동품가게를 알아내고는 자신이 직접 손님으로 가장하여 구체적으로 자신이 원하는 여성을 부탁한다.

며칠이 지난 후 가게 주인으로부터 연락이 오는데 자신과 약속이 되어 있는 날 아내도 외출 약속이 있음을 알게 된다. 긴장된 마음으로 약속된 시간과 장소에 가 보았으나 상대 여성이 사정이 생겨 나오지 못하게 되었다는 전갈을 받는다. 집에 돌아온 그는 자기 아내도 사정이 생겨 외출하지 않았음을 안다. 그 후로도 여러 번 자신의 약속 날과 아내의 외출 계획이 동시에 이루어지는 데 그때마다 이런저런 사정으로 만남이 이뤄지지 않는다. 모든 상황이 점점 확실하게 맞아떨어져 가면서 그의 의심은 이제 확신으로 바뀐다. 드디어 우여곡절 끝에 상대 여성을 만나게 되는데 방에 들어서는 여인을 보는 순간 자기 아내가 아니었음을 알고는 미친 듯 뛰쳐나와 집으로 달려간다. 그리고 집에 돌아온 그는 자살한 아내의 시신을 발견한다. 아주 오래된 『약속』이란 영화 줄거리이다.

부정적인 의심은 파괴적이다. 그러나 의문에서 나오는 의심은 오히려 생산적일 때가 많다. 만약 의심이 인간의 전유물이라면, 인류의 진보는 의심의 산물이기도 하다. 이 시대에 미네랄은 의문의 대상이다. 그러나 이제는 그 의심이 확신으로 바뀌었으면 한다. 미네랄을 구체적으로 다루기 전에, 우리가 비교적 잘 알고 있는 칼슘을 탐색하면서 내 지식과 실제 사이에 존재하는 틈새를 확인하고 미네랄에 대해 접근하려고 한다.

칼슘의 역할과 효능

인류의 역사 속에서 칼슘은 눈에 보이지 않는, 그러나 그 존재를 확실히 느낄 수 있는 중요한 원소로 자리를 잡아 왔다. 우리 선조들은 칼슘이 풍부한 뼈를 사용해 도구를 만들고, 동굴 벽화를 그리며 예술을 창조했다. 현대에 이르러 우리는 칼슘의 과학적 중요성을 이해하게 되었지만, 여전히 그것은 우리 삶의 깊숙한 곳에서 빛나고 있다. 칼슘은 단순한 미네랄 이상의 의미가 있으며,

우리의 뼈와 치아를 단단하게 하고, 생명 활동을 지탱하는 숨은 영웅이다. 칼슘의 체내 역할은 다양하다.

첫째, 뼈 구성과 혈중 칼슘으로 전환이다. 칼슘은 뼈와 치아의 주요 구성 요소로 뼈는 체내 칼슘의 약 99%를 저장하고 있다. 뼈에 저장된 칼슘은 필요할 때 혈중 칼슘 농도를 유지하기 위해 방출된다. 이는 파골세포(osteoclast)와 조골세포(osteoblast) 활동으로 조절된다. 파골세포는 뼈를 분해하여 칼슘을 방출하고, 조골세포는 칼슘을 이용해 뼈를 형성한다. 혈중 칼슘 농도는 부갑상선 호르몬(parathyroid hormone, PTH)과 칼시토닌에 의해 엄격히 조절된다. PTH는 칼슘의 방출을 촉진하고, 칼시토닌은 칼슘의 침착을 촉진한다.

둘째, 칼슘의 소화 흡수와 배설이다. 칼슘은 주로 소장에서 흡수되며, 이 과정은 비타민 D에 의해 촉진된다. 능동적 흡수는 주로 십이지장에서, 수동적 확산은 소장의 다른 부분에서 일어난다. 식이 요인, 나이, 호르몬 상태 등이 흡수율에 영향을 미친다. 칼슘의 배출은 신장을 통해 남은 것을 소변으로 배출되며, 일부는 대변을 통해 배출된다. 또한, 땀을 통해서도 소량의 칼슘이 배출된다.

칼슘 부족은 골다공증, 구루병, 골연화증, 부갑상선 기능 저하증을 치은후퇴병, 관절염, 고혈압, 불면증, 신장결석, 근육 경련, 월경전증후군, 요통을 유발하고, 과잉은 고칼슘혈증, 부갑상선 기능 항진증, 칼슘 침착으로 이어지며, 칼슘의 흡수와 배출은 부갑상선 호르몬, 비타민 D, 칼시토닌 등의 조절을 받고, 식이 섭취, 신장 기능, 내분비 기능 이상 등이 혈중 칼슘 농도에 영향을 미친다.

셋째, 혈중 칼슘의 역할과 순환이다. 칼슘은 뼈와 치아의 구조를 유지하고, 근육 수축을 조절하며, 신경 신호전달에 필수적이다. 또한, 혈액 응고 과정에서 중요한 역할을 하며, 여러 효소의 작용을 촉진한다.

넷째, 이온 칼슘의 역할이다. 이온 칼슘(Ca^{2+})은 체내에서 세포 기능과 생리적 반응에 필수적이다. 이온 칼슘은 소장에서 효율적으로 흡수된다. 이온 칼슘(calcium ion, Ca^{2+})은 인체에서 활성 형태로 사용되며, 다양하고 중요한 생리적 임무를 다음과 같이 수행한다. 이온 칼슘은 근육 수축을 조절한다. 근육세포에 칼슘이 유입되면 액틴과 미오신 필라멘트가 상호작용하여 근육이 수축한다. 칼슘 이온은 신경세포에서 신경전달물질의 방출을 촉진한다. 이는 신경 신호가 한 세포에서 다른 세포로 전달되는 과정을 돕는다. 이어 칼슘 이온은 인체가 필요할 때 혈액을 응고하게 하고 칼슘 이온은 세포 내 신호 전달하게 한다. 칼슘은 인체에서 뼈와 치아의 주성분으로서 중요한 역할을 하고, 많은 효소는 칼슘 이온이 있어야 하며, 이는 효소의 활성화와 기능에 필수적이다.

이온 칼슘은 주로 식이 섭취를 통해 얻을 수 있으며, 브로콜리, 케일, 시금치 등 녹색 잎채소와 통곡류, 견과류, 어류와 유제품에서 얻을 수 있다. 여기서 조리 방법이 가장 중요하다. 칼슘은 열에 산화되는 특징이 있어 화식(火食)은 칼슘을 산화시킨다. 1)-3)

다섯째, 산화칼슘과 질환이다. 산화칼슘(CaO)은 생석회로, 체내에서 직접 사용되지 않고, 물과 반응하여 수산화칼슘으로 변환되어 사용된다. 칼슘 침착은 동맥경화증, 부정맥, 심근경색 등 심혈관 질환과 관련이 있다. 신경계에서는 칼슘 대사 이상이 신경장애를 일으킬 수 있다. 신장결석은 칼슘 옥살레이트 결석이 가장 흔하며, 고칼슘혈증이 주요 원인이다. 칼슘 섭취를 조절하고 충분한 수분 섭취가 필요하다.

칼슘의 산화 원인이 대략 다섯 가지가 있다. 강한 산화제와 화학적 반응으로 산화한다. 산과 반응하여 산화되고, 전기화학적 반응을 통해 산화된다. 또 고습도 환경에서 산화되고, 고열과 만나 산화한다. 이 중에 고열을 만나 산화칼슘이 되는 과정만 설명하면 이러하다. 칼슘은 금속 원소로서 음식에 존재할 때 칼슘 카보네이트, 칼슘 포스페이트 등의 칼슘염 형태로 존재한다. 요리 과정에서 고온으로 가열하면, 칼슘 화합물이 분해되거나 변형된다. 예를 들어, 칼슘 카보네이트($CaCO_3$)는 고온에서 이산화탄소(CO_2)를 방출하여 산화칼슘(CaO)으로 변할 수 있고, 산화칼슘은 공기 중의 산소와 반응하여 더 안정한 형태의 산화물로 변할 수 있다.

산화하는 이유는 높은 온도에서 화합물의 결합이 깨지면서 새로운 결합이 형성된다. 칼슘은 산소와 결합하여 산화칼슘을 형성할 수 있다. 요리 과정에서 산소가 풍부한 환경이 조성되면, 산화반응이 촉진될 수 있다. 4)-7)

심장의 동방결절(Sinoatrial node, SA node)은 심장의 박동을 조절하는 중요한 구조이다. 심장 근육의 수축과 이완은 칼슘 이온(Ca^{2+})의 이동으로 조절된다. 칼슘 채널을 통해 세포 내외로 이동하는 칼슘 이온은 심장의 전기 신호전달과 근육 수축을 유도한다. 동방결절에서 생성된 전기 신호는 방실결절(AV node)과 푸르키니에 섬유를 통해 심장 전체로 전달된다. 이 과정에서 칼슘 이온의 균형은 매우 중요하다.

동방결절에 칼슘이 침착되면, 이는 동방결절의 기능을 저해한다. 이에 따라 심장의 박동이 불규칙해지거나 느려질 수 있다. 칼슘 침착은 심장 전도계의 다른 부분에도 영향을 미쳐 전기 신호 전달에 장애를 일으켜 부정맥(arrhythmia)과 같은 심장 리듬 장애를 유발할 수 있다. 동방결절의 칼슘 침착으로 인해 전기 신호의 생성과 전달이 방해받으면 부정맥이 발생하고, 동방결절의 기능 저하로 인해 심박동이 불규칙해지거나 느려질 수 있다. 심박동의 불규칙성과 기능 저하가 지속되면 심부전으로 이어질 수 있다. 8)-10)

또한, 칼슘이 신경 조직이나 신경계 주변에 침착되면 신경 신호의 전달을 방해할 수 있다. 이는 근육 수축 및 반응 시간에 영향을

주어 신경계 기능을 저하시킬 수 있다. 11)

여섯째, 산화칼슘(CaO)의 제거이다. 산화칼슘은 강한 염기성 물질로, 보통 외부 환경에서 존재하며 인체 내에서는 일반적으로 발생하지 않는다. 그러나 인체 내에서 칼슘이 비정상적으로 축적되는 현상, 즉 칼슘 침착이나 석회화(calcification)는 신장결석, 혈관 석회화 등과 같은 질병과 관련이 있다. 이러한 현상은 수분 부족, 전해질 불균형, 대사 이상 등의 여러 요인과 관련될 수 있다.

수분과 칼슘대사의 관계는 매우 밀접하다. 수분이 부족하면 신장이 제대로 기능하지 못해 칼슘과 같은 전해질이 체내에서 효과적으로 배출되지 못한다. 이로 인해 칼슘이 체내에 축적될 위험이 증가한다. 특히, 수분 부족으로 인해 소변이 농축되면 신장결석의 위험이 높아지며, 신장결석의 주요 성분 중 하나가 칼슘이다. 충분한 수분 섭취는 신장이 칼슘과 다른 노폐물을 효과적으로 배출하도록 도와주어 신장결석 형성의 위험을 줄인다. 또한, 수분 섭취는 전해질 균형을 유지하는 데 중요하며, 이를 통해 칼슘과 같은 미네랄이 적절히 대사되고 체외로 배출되도록 한다.

칼슘 침착과 석회화의 예방과 관리는 충분한 수분 섭취가 중요한 역할을 한다. 수분은 신장을 통해 노폐물을 배출하는 데 도움을 주기 때문에, 충분히 물을 마시는 것이 신장결석을 예방하는 데 필수적이다.

균형 잡힌 식단은 비타민 K2, 마그네슘, 비타민 D가 포함되어야 하며, 이는 칼슘이 뼈에 적절하게 저장되도록 도와주고, 혈관이나 연조직에 축적되는 것을 방지하는 데 기여한다. 운동은 전반적인 대사를 촉진하고 혈액 순환을 개선하여 칼슘이 적절히 사용되고 배출되도록 돕는 중요한 역할을 한다. 12)-14)

따라서 칼슘 침착과 석회화를 예방하고 관리하기 위해서는 충분한 수분 섭취와 균형 잡힌 식단, 적절한 운동이 필수적이다. 이는 신체 내 칼슘 균형을 유지하고 관련 질환을 예방하는 데 중요한 역할을 한다.

일곱째, 칼슘 섭취와 만성 질환의 관계이다. 칼슘은 혈관의 수축과 이완에 중요한 역할을 한다. 칼슘이 부족하면 혈관이 더 쉽게 수축하여 혈압이 상승한다. 연구에 따르면, 칼슘 보충은 특히 칼슘 섭취가 부족한 사람들에게서 혈압을 낮추는 효과가 있을 수 있다. 15)

미네랄이란?

세상의 모든 물질은 크게 유기물과 무기물로 나뉜다. 유기물은 살아있는 생명체를 구성하며, 동식물 혹은 미생물이 만든 물질로 탄소를 포함하여 산소, 질소, 수소와 결합한 것이다. 동식물의 모든 조직이 이에 해당한다. 유기화합물은 탄소, 산소, 질소, 수소와 결합한 화합물로 구성되며, 이는 유기물과 같은 개념으로 사용되기도 한다.

무기물은 유기화합물 이외의 원소로 구성된 물질을 말한다. 나트륨, 염소, 철, 인, 칼슘 등의 원소가 이에 해당하며, 이를 미네랄(mineral)이라고 부른다. 소금이란 무기화합물은 나트륨(Na)과 염소(Cl)란 독립적인 무기물 원소가 결합한 무기화합물이다.

식품에서 미네랄은 탄수화물, 지방, 단백질, 비타민과 함께 5대 영양소로 분류되는 중요한 성분이다. 인체의 구성 성분 중 미네랄이 차지하는 비율은 체중의 약 4% 정도에 불과하지만, 인체에서 스스로 합성할 수 없기에 반드시 외부에서 섭취해야 하는 필수 영양소이다.

미네랄의 중요성은 인체 건강과 생명 유지에 필수적인 영양소로서 다양한 중요한 기능을 수행한다. 인체는 미네랄을 스스로 합성할 수 없기 때문에 반드시 음식을 통해 섭취해야 한다. 미네랄이 인체에서 수행하는 주요 역할은 다음과 같다.

첫째, **생리적 기능**에서 미네랄은 다양한 생리적 과정에 필수적이다. 예를 들어, 칼슘과 인은 뼈와 치아의 구성 요소로서 골격을 형성하고 유지하는 중요한 역할을 한다. 철은 혈액 내 헤모글로빈의 주요 구성 성분으로서 산소를 체내 각 조직으로 운반하는 역할을 한다. 또한, 마그네슘은 근육 수축과 신경 기능에 필수적이

며, 세포 에너지 생성에도 관여한다. 16)

둘째, **효소 활성화**에서 많은 미네랄이 필요하다. 아연, 구리, 망간 등은 다양한 효소의 보조 인자로 작용하여 대사 과정이 원활하게 이루어지도록 돕는다. 이러한 효소들은 소화, 에너지 생산, 세포 복구 등과 같은 과정에 필수적이다.

셋째, **체액 균형과 전해질 조절**에 나트륨, 칼륨, 염소와 같은 미네랄이 중요한 역할을 한다. 이들은 신경 자극 전달과 근육 수축을 조절하고, 체내 산-염기 균형을 유지하는 데 도움을 준다.

넷째, **면역 기능 강화**에서 셀레늄과 아연은 중요한 역할을 한다. 이들 미네랄은 항산화 작용을 통해 세포 손상을 예방하고, 면역 세포의 기능을 향상시켜 감염에 대한 저항력을 높인다.

다섯째, **성장과 발달**에 다양한 미네랄이 필요하다. 칼슘과 인은 골격 형성에 필수적이며, 철은 두뇌 발달과 인지 기능에 중요한 역할을 한다. 적절한 미네랄 섭취는 정상적인 성장과 발달을 보장한다.

여섯째, **신진대사 조절**에서 요오드는 갑상선 호르몬의 구성 성분으로 신진대사 조절에 필수적이다. 요오드가 부족하면 갑상선 기능 저하증이 발생할 수 있으며, 이는 신진대사 속도를 감소시키고 피로와 체중 증가 같은 증상을 유발할 수 있다.

미네랄은 이처럼 다양한 생리적 기능을 수행하며, 인체의 건강 유지와 생명 유지에 없어서는 안 되는 중요한 영양소이다. 따라서 균형 잡힌 식단을 통해 충분한 미네랄을 섭취하는 것이 중요하다.

미네랄의 종류와 분류는 인체의 다양한 기능을 지원하는 영양소로, 그 필요성에 따라 주요 미네랄(다량 미네랄)과 미량 미네랄로 분류된다. 이들 미네랄은 각각 고유한 역할을 하며 균형 잡힌 섭취가 중요하다.

주요 미네랄(macro minerals)은 체내에서 비교적 많은 양이 필요한 미네랄로, 일일 섭취량이 100mg 이상이다. 주요 미네랄의 종류와 역할은 다음과 같다. 칼슘은 뼈와 치아의 주요 구성 성분으로, 근육 수축, 신경 전달, 혈액 응고 등 다양한 생리적 기능을 지원한다. 인은 칼슘과 함께 뼈와 치아를 구성하며 에너지 대사와 세포막 형성에 중요하다. 칼륨은 세포 내 액체 균형을 유지하고 신경 자극 전달과 근육 수축에 필수적이다. 나트륨은 세포 외 액체 균형을 유지하며, 신경 자극 전달과 근육 수축을 조절한다. 마그네슘은 근육과 신경 기능을 지원하며, 단백질 합성, 에너지 생성, 뼈 형성 등에 관여한다. 황은 단백질, 특히 아미노산의 구성 성분으로, 체내 여러 생화학적 반응에 필수적이다.

미량 미네랄(trace minerals)은 체내에서 적은 양이 필요하지만 그 역할은 매우 중요하다. 일일 섭취량이 100mg 미만인 미량 미네랄의 주요 종류와 역할은 다음과 같다. 철은 혈액 내 헤모글로빈과 근육 내 미오글로빈의 주요 성분으로, 산소 운반에 필수적이다. 아연은 면역 기능, 단백질 합성, 세포분열과 성장에 관여한다. 구리는 철의 흡수와 운반을 돕고, 효소 반응에서 중요한 역할을 한다. 망간은 항산화 작용, 골격 형성, 탄수화물 대사에 필수적이다. 셀레늄은 항산화 작용을 통해 세포를 보호하고 면역 기능을 지원한다. 요오드는 갑상선 호르몬의 주요 성분으로 신진대사 조절에 필수적이다. 플루오린은 치아와 뼈를 강화하는 역할을 하며, 몰리브덴은 효소 반응을 촉진하고 대사 과정에 필수적이다. 크롬은 인슐린 작용을 도와 혈당 조절에 기여한다.

이처럼 주요 미네랄과 미량 미네랄은 인체의 다양한 생리적 기능을 지원하며, 각각의 미네랄은 고유한 역할을 통해 건강 유지에 중요한 역할을 한다. 따라서 균형 잡힌 식단을 통해 다양한 미네랄을 적절히 섭취하는 것이 필수적이다.

미네랄의 역할은 인체의 다양한 기능을 지원하는 필수 영양소이다. 각각의 미네랄은 고유한 역할을 가지며, 체내에서 다양한 생리적 과정에 관여한다. 주요 미네랄과 미량 미네랄의 역할은 다음과 같다.

주요 미네랄의 역할에서 칼슘은 뼈와 치아의 주요 구성 성분으로 강도와 구조를 제공한다. 칼슘은 근육 수축과 이완에 필수적이며, 심장 박동을 조절하고 신경 자극 전달을 통해 신경계의 정상적인 기능을 지원한다. 또한, 혈액 응고 과정에서 중요한 역할을 한다. 인은 ATP(아데노신 삼인산) 형태로 에너지를 저장하고 전달하는 에너지 대사를 수행하며, 인지질 형태로 세포막을 구성한다. 칼륨은 세포 내 액체 균형을 유지하고, 신경 자극 전달과 근육 수축을 조절하며, 혈압을 정상 범위 안에 유지하도록 돕는다. 나트륨은 세포 외액의 주요 구성 성분으로 체액 균형을 유지하며, 신경 자극 전달과 근육 수축, 혈압 조절에 필수적이다. 마그네슘은 단백질 합성과 효소 활성화에 필요하며, 세포 에너지 생성, 신경 자극 전달, 근육 수축을 지원한다.

미량 미네랄의 역할에서 철은 헤모글로빈과 미오글로빈의 주요 성분으로, 산소를 운반하고 세포 호흡 과정에서 에너지 생산을 돕는다. 아연은 면역세포의 기능을 강화하고 감염을 예방하며, 세포분열과 성장, 단백질 및 DNA 합성에 필수적이다. 구리는 철의 흡수와 운반을 돕고 다양한 효소의 보조 인자로 작용하여 생화학적 반응을 촉진한다. 망간은 뼈 형성과 유지에 필요하며, 항산화 효소의 구성 성분으로 작용하여 세포 손상을 방지하고 탄수화물과 지질 대사에 관여한다. 셀레늄은 항산화 효소의 구성 성분으로 세포를 산화 스트레스에서 보호하고, 면역 체계를 강화하며 갑상선 호르몬 대사에 관여한다. 요오드는 갑상선 호르몬의 주요 성분으로 신진대사를 조절하고 정상적인 성장과 발달을 지원한다. 플루오린은 치아의 에나멜을 강화하여 충치를 예방하고, 뼈의 강도를 유지한다. 몰리브덴은 효소의 보조 인자로 작용하여 대사 과정을 돕고 체내 유해 물질의 해독을 지원한다. 크롬은 인슐린의 작용을 돕고 혈당을 조절하며 탄수화물, 단백질, 지질 대사에 관여한다.

미네랄은 하루에 필요한 양이 μg~mg 단위로 매우 적다. 그렇기 때문에 미네랄 섭취를 소홀히 여기기 쉽지만, 신체의 원활한 기능을 위해 반드시 필요한 영양소이다. **미네랄은 5대 필수 영양소 중 하나로서** 인체에서 매우 중요한 역할을 한다. 인체 내에서는 15만 가지 이상의 핵심 임무를 수행하며, 80여 종의 성분으로 구성된 복합 물질이다. 미네랄은 **단백질, 지방, 탄수화물, 비타민의 소화와 흡수**를 돕는 역할을 하며, 인체를 구성하는 중요한 물질로서 기능한다.

미네랄은 체내에 존재하는 수많은 **천연 효소**들의 작용을 돕고, **세포의 건강을 지켜주는 역할**을 한다. 이는 인체가 건강을 유지하고 **모든 명령 체계와 신호 체계**를 정상적으로 작동하도록 하는 데 필수적이다. 대부분의 미네랄은 음식을 통해 섭취하지만, 토양의 미네랄 고갈로 인해 현대인의 식단에서 충분한 양을 섭취하기 어렵다. 전 세계인의 약 33%, 미국인의 99%, 그리고 한국인의 70% 이상이 미네랄이 부족한 상태이다.

미네랄은 이처럼 다양한 생리적 기능을 수행하며, 건강 유지와 질병 예방에 중요한 역할을 한다. 각 미네랄의 고유한 기능을 이해하고, 균형 잡힌 식단을 통해 충분한 미네랄을 섭취하는 것이 필수적이다. 17)-24)

미네랄의 흡수와 대사는 인체의 여러 중요한 생리적 기능을 수행하기 위해 다양한 방법으로 이루어진다. 미네랄의 흡수와 대사 과정은 각 미네랄의 특성에 따라 다르며, 여러 요인에 의해 영향을 받는다.

미네랄의 흡수는 주로 소장에서 이루어진다. 흡수율은 미네랄의 형태와 다른 영양소와의 상호작용에 따라 달라진다. 예를 들어, 칼슘은 소장의 상부에서 흡수되며 비타민 D는 칼슘 흡수를 촉진한다. 철은 헴 철과 비헴 철 형태로 존재하는데, 헴 철은 주로 육류에서, 비헴 철은 식물성 식품에서 얻어진다. 헴 철의 흡수율이 더 높으며, 비타민 C는 비헴 철의 흡수를 촉진한다. 마그네슘은 소장에서 수동 확산으로 흡수되며, 식단 내 마그네슘 농도에 따라 흡수율이 조절된다. 아연은 소장에서 흡수되며, 동물성 단백질이 아연 흡수를 촉진하는 반면, 피틴산은 흡수를 저해한다.

미네랄의 운반은 흡수된 미네랄이 혈액을 통해 필요한 조직으로 이동하는 과정이다. 칼슘은 알부민과 같은 단백질과 결합하여 운반되며, 철은 트랜스페린과 결합하여 운반된다. 마그네슘은 이온 형태로 운반되며, 일부는 단백질과 결합하여 운반된다. 아연 역시 알부민과 같은 단백질과 결합하여 운반된다.

미네랄의 대사와 기능은 각 미네랄이 세포 내에서 다양한 생리적 역할을 수행하기 위해 사용되는 과정이다. 칼슘은 뼈와 치아의 형성에 사용되며, 근육 수축, 신경 전달, 혈액 응고 등에 관여한다. 철은 헤모글로빈과 미오글로빈의 구성 성분으로 산소 운반에 중요한 역할을 한다. 마그네슘은 ATP 안정화, 단백질 합성, DNA 복제 등에 관여하며, 약 300개 이상의 효소 반응에 필수적이다. 아연은 면역 기능, 단백질 합성, DNA 합성, 세포분열 등에 중요한 역할을 한다.

미네랄의 배설 과정은 소변, 대변, 땀 등을 통해 이루어지며, 신장은 이 과정에서 체내 미네랄 균형을 유지하는 데 중요한 역할을 한다. 칼슘은 주로 소변과 대변을 통해 배설되며, 신장은 칼슘 재흡수를 조절하여 체내 농도를 유지한다. 철은 소변과 대변을 통해 배출되지만, 체내에 있는 철의 대부분은 재활용된다. 마그네슘은 주로 소변을 통해 배출되며, 신장이 재흡수를 조절해 필요량을 유지한다. 아연 역시 소변, 대변, 그리고 땀을 통해 배출되며, 신장이 재흡수를 조절하는 중요한 역할을 한다. 미네랄의 흡수와 대사는 건강 유지와 질병 예방에 필수적이다. 충분한 미네랄 섭취와 균형 잡힌 식단을 통해 이러한 과정이 최적화되며, 이는 신체의 전반적인 건강에 기여한다.

미네랄의 흡수율에 영향을 미치는 요인은 여러 가지이다. 미네랄의 화학적 형태와 식이 요인, 생리적 상태, 그리고 미네랄 간의 상호 작용 등이 흡수율에 영향을 미친다. 예를 들어, 유기 결합 미네랄은 무기염보다 흡수율이 높고, 피틴산과 옥살산은 미네랄 흡수를 저해할 수 있다. 비타민 C는 비헴 철의 흡수를, 비타민 D는 칼슘 흡수를 촉진한다. 나이, 생리적 상태, 위산 분비량도 미네랄 흡수에 영향을 미칠 수 있다.

이처럼 미네랄의 흡수와 대사는 건강과 질병 예방에 중요한 역할을 하며, 충분한 미네랄 섭취와 균형 잡힌 식단이 이러한 과정의 최적화에 도움이 된다.

미네랄 생체이용률(bioavailability)을 결정짓는 중요한 요소는 아래와 같다. **미네랄의 화학적 형태**는 흡수율에 큰 영향을 미친다. 유기 결합 미네랄, 즉 유기산이나 아미노산과 결합한 미네랄은 일반적으로 무기염 형태보다 흡수율이 높다. 예를 들어, 헴철(heme iron)은 비헴철(non-heme iron)보다 더 잘 흡수된다. 반면, 무기염 형태의 미네랄은 흡수율이 낮은데, 탄산칼슘과 같은 형태의 칼슘이 대표적인 예이다.

식이 요인 또한 미네랄의 흡수율에 영향을 미친다. 곡물, 씨앗, 견과류에 포함된 피틴산(phytic acid)은 칼슘, 철, 아연 등의 미네랄과 결합하여 불용성 복합체를 형성해 흡수를 저해한다. 옥살산(oxalic acid)은 시금치와 근대 등 채소에 존재하며, 칼슘과 결합해 흡수를 방해할 수 있다. 반면, 비타민 C는 비헴 철의 흡수를 촉진하며, 비타민 D는 칼슘의 흡수를 증가시킨다.

생리적 요인도 중요한데, 어린이와 청소년은 성장 과정에서 미네랄의 흡수율이 높지만, 나이가 들면 흡수율이 감소할 수 있다. 임신과 수유 등의 특정 생리적 상태에서도 미네랄의 필요량과 흡수율이 증가한다. 위장관의 건강 상태도 미네랄 흡수에 영향을 미치며, 위산 분비가 부족하면 미네랄의 용해도와 흡수가 감소할 수 있다.

미네랄 상호작용은 흡수율에 영향을 미칠 수 있다. 예를 들어, 칼슘과 마그네슘, 아연과 구리는 경쟁적으로 흡수되며, 과도한 아연 섭취는 구리 흡수를 저해할 수 있다. 이러한 상호작용을 이해하는 것이 중요하다.

식이 보충제 형태도 흡수율에 영향을 준다. 킬레이트 형태의 미네랄 보충제는 일반적으로 흡수율이 높지만, 염 형태의 미네랄은 흡수율이 낮다. 예를 들어, 아미노산 킬레이트 형태의 철은 흡수율이 높은 반면, 황산마그네슘 같은 형태는 흡수율이 낮다.

마지막으로, **기타 요인**으로는 칼슘이 많은 음식을 정기적으로 섭취하면 흡수율이 증가할 수 있다. 식사의 빈도와 구성 역시 미네랄 흡수에 영향을 미치며, 제산제와 같은 특정 약물은 칼슘 흡수를 저해할 수 있다. 이러한 요인들을 고려해 균형 잡힌 식단을 유지하고, 미네랄이 풍부한 식품을 적절히 조합해 섭취하는 것이 중요하다.

미네랄의 주요 공급원은 다양한 식품에서 얻을 수 있으며, 각 미네랄의 주요 공급원은 다음과 같다.

첫째, 칼슘(Calcium)은 케일, 브로콜리와 같은 푸른 채소, 두부, 아몬드 등의 견과류, 강화 곡물에 풍부하다.

둘째, 철(Iron)은 적색육류, 닭고기, 칠면조와 같은 가금류, 연어 등 생선, 렌틸콩과 병아리콩 같은 두류, 시금치와 같은 녹색 채소에서 섭취할 수 있다.

셋째, 마그네슘(Magnesium)은 아몬드, 캐슈너트 등 견과류, 호박씨와 해바라기씨 같은 씨앗류, 퀴노아와 현미 같은 통곡물, 잎이 많은 녹색 채소, 검은콩과 병아리콩 같은 두류에서 얻을 수 있다.

넷째, 아연(Zinc)은 육류, 가금류, 해산물, 두류, 견과류에 풍부하다. 구리(Copper)는 해산물, 견과류, 씨앗류, 통밀과 귀리 같은 곡물에서 섭취할 수 있다.

다섯째, 망간(Manganese)은 호두, 피스타치오 등의 견과류, 곡물, 녹색 채소에서 얻을 수 있다. 셀레늄(Selenium)은 해산물, 육류, 가금류, 브라질너트와 같은 견과류, 곡물에 풍부하다.

여섯째, 요오드(Iodine)는 해산물에, 플루오린(Fluorine)은 홍차에, 몰리브덴(Molybdenum)은 렌틸콩, 병아리콩 등의 두류와 호두, 피스타치오 같은 견과류에서 얻을 수 있다. 크롬(Chromium)은 고기, 브로콜리, 통곡물, 감자에 풍부하다.

미네랄 함유량은 식품의 종류와 가공 방법에 따라 달라진다. 특정 식품 속 미네랄 함유량을 비교한 표는 다양한 식품군에서 어떤 미네랄이 얼마나 포함되어 있는지 보여준다. 예를 들어, 곡물, 채소, 과일, 견과류 등에서 각기 다른 미네랄 함량을 확인할 수 있다. 이러한 정보는 균형 잡힌 미네랄 섭취를 계획하는 데 유용하다.

미네랄	식품	함유량(100g)
칼슘	아마란스	159mg
철	시금치	2.7mg
마그네슘	아몬드	270mg
아연	호박씨	7.8mg
구리	캐슈넛	2.2mg
망간	현미	1.1mg
셀레늄	브라질너트	1,917㎍
요오드	해조류	450㎍
플루오린	홍차	0.1mg
몰리브덴	렌틸콩	148㎍
크롬	브로콜리	11㎍

미네랄이 풍부한 식단을 구성하는 방법은 각 식품군에서 다양한 음식을 선택하는 것이 중요하다. 첫째, 신선한 채소와 과일을 충분히 섭취하여 비타민과 미네랄을 얻는 것이 필요하다. 신선한 채소와 과일은 미네랄뿐 아니라 비타민도 풍부하게 제공하여 신체의 다양한 기능을 지원한다. 둘째, 흰 밀가루 대신 통밀, 현미 등 통곡물을 선택하여 마그네슘과 아연의 섭취를 늘린다. 통곡물은 가공되지 않은 상태로, 더 많은 미네랄을 함유하고 있다.

셋째, 콩류를 골고루 섭취하는 것이 중요하다. 철, 아연, 셀레늄 등 필수 미네랄을 공급하는 콩 종류는 전반적인 건강에 필수적인 역할을 한다. 넷째, 아몬드, 호두, 해바라기씨 등 견과류와 씨앗을 포함하여 마그네슘, 구리, 망간의 섭취를 증가시키는 것이 좋다. 견과류와 씨앗은 작은 양으로도 많은 미네랄을 제공할 수 있다.

마지막으로, 곡류와 해조류를 섭취하여 칼슘과 요오드를 보충하는 것이 필요하다. 곡류와 해조류는 칼슘과 요오드의 중요한 공급원으로, 뼈 건강과 신진대사에 필수적이다. 25)-32)

미네랄과 건강은 우리 몸의 다양한 생리적 기능에 필수적이며, 적절한 섭취는 건강 유지에 매우 중요하다. 뼈 건강에서는 칼슘, 인, 마그네슘이 중요한 역할을 한다. 이들 미네랄은 뼈의 강도와 구조를 유지하는 데 필수적이다. 신경계 기능에서 칼슘, 마그네슘,

칼륨, 나트륨은 신경계의 정상적인 기능을 유지하는 데 중요한 역할을 한다. 이들 미네랄은 신경 자극 전달과 근육 수축에 필수적이다. 면역 기능에서는 아연, 철, 셀레늄이 중요한 역할을 한다. 이들 미네랄은 면역 세포의 생성과 활성화에 필요하며, 면역력을 강화하는 데 필수적이다. 운동 수행 능력에는 철, 마그네슘, 칼륨이 필수적이다. 이들 미네랄은 에너지 대사와 근육 기능을 지원하여 운동 수행 능력을 향상시키는 데 중요한 역할을 한다. 39)-40) 피부 건강에서는 아연과 셀레늄이 필수적이다. 이들 미네랄은 세포 재생과 항산화 작용을 통해 피부 건강을 유지하는 데 중요한 역할을 한다. 41)-42)

잃어버린 미네랄

잃어버린 미네랄은 여러 요인에 의해 결핍될 수 있으며, 이는 다양한 증상과 질병으로 나타난다. 지난 한 세기 동안 토양 미네랄 함량의 감소는 다음과 같은 데이터를 통해 확인할 수 있다. 43)

연도	칼슘(mg/100g)	마그네슘(mg/100g)	칼륨(mg/100g)
1920	103	24	382
1950	80	20	350
1999	48	25	325
2020	40	18	290

농업 관행은 현대 농업에서 합성 비료와 고수확 품종의 사용으로 인해 토양 미네랄 함량의 감소를 초래했다. '희석 효과'(dilution effect)는 작물 수확량이 증가할수록 단위 식물 생체량 당 미네랄 농도가 낮아지는 현상이다. 특히 비료와 관개를 많이 사용하는 작물에서 이 효과가 두드러진다.

토양 건강의 저하는 미네랄 결핍에 기여한다. 재생 농업 방식은 작물 순환, 덮개 작물 재배, 경작 감소 등을 통해 토양 유기물 함량을 높이고 토양 구조를 개선한다. 반면, 기존 농업 방식은 화학 비료에 의존하여 토양 유기물과 미생물 활동을 고갈시켜 토양 건강을 악화시키며, 그 결과 작물의 미네랄 함량이 낮아진다.

역사적 데이터는 미국 농무부(USDA)와 다른 출처에서 제공한 자료를 통해 확인할 수 있다. 예를 들어, 1963년과 1999년의 영양 데이터를 비교한 결과, 브로콜리, 당근, 토마토 등의 작물에서 미네랄 함량이 감소한 것을 보여준다.

환경 변화는 이산화탄소 농도의 증가와 기후 패턴 변화가 토양 미네랄 함량과 식물의 영양소 흡수에 영향을 미쳤다. 이러한 요인들은 토양에서 미네랄의 가용성을 변화시키고, 식물의 흡수 효율성에 영향을 줄 수 있다.

미네랄 결핍과 과잉은 모두 건강에 심각한 영향을 미칠 수 있다. 각각의 미네랄 결핍과 과잉이 어떻게 건강에 영향을 미치는지, 그리고 이를 예방하고 치료하는 방법에 대해 살펴보도록 한다.

첫째, **미네랄 결핍과 과잉의 증상과 영향**을 살펴보면, 칼슘(Calcium)이 결핍되면 골다공증, 구루병, 근육 경련, 심부전이 발생할 수 있으며, 과잉될 경우 신장 결석, 심장 및 신장 기능 저하, 고칼슘혈증을 초래할 수 있다. 철(Iron)이 결핍되면 빈혈, 피로, 창백한 피부, 호흡 곤란 등의 증상이 나타나며, 과잉될 경우 간 손상, 심부전, 당뇨병을 일으킬 수 있다.

둘째, 마그네슘(Magnesium)이 결핍되면 근육 경련, 불안, 심장 부정맥이 발생할 수 있고, 과잉될 때는 설사, 복통, 저혈압을 유발할 수 있다. 아연(Zinc)이 결핍되면 면역 기능 저하, 피부 문제, 미각 및 후각 장애가 나타나며, 과잉되면 메스꺼움, 구토, 면역 기능 저하를 초래할 수 있다. 셀레늄(Selenium)이 결핍되면 갑상선 기능 저하, 면역력 저하, 근육 약화가 나타날 수 있으며, 과잉되면 탈모, 손톱 변화, 신경 손상이 발생할 수 있다.

셋째, **예방과 치료 방법**은 다음과 같다. 다양한 식품군을 포함한 균형 잡힌 식단을 통해 미네랄을 종합적으로 섭취하는 것이 중요하다. 정기적인 검진을 통해 미네랄 수치를 모니터링하고, 결핍이나 과잉 증상이 나타나면 즉시 의료 전문가와 상담하는 것이 필요하다. 또한, 특정 미네랄이 많은 음식 또는 적은 음식을 식이 조절을 통해 섭취하는 것이 예방과 치료에 효과적이다. 44)-49)

흙 먹는 사람 이야기

아이티의 풍부한 문화와 역사, 언어를 깊이 있게 탐구하며, 독자들에게 새로운 시각을 제공하는 두 프로그램에서 흥미로운 내용을 다뤘다. Harvard Magazine의 기사 'The Secrets of Haiti's Living Dead'와 듀크대학 Library Blog의 '11 of My Favorite Haitian Creole Expressions from the Radio Haiti Archive'에서 중남미 아이티에서 사람들이 흙을 먹는다는 이야기를 기사로 다뤘다.

이와 비슷한 기사가 2000년 6월호 'The Quarterly Review of Biology'에 실렸다. 코넬대학의 생물학자 새뮤엘 플렉스만(Samuel M. Flaxman)과 폴 셔먼(Paul W. Sherman)은 전 세계에서 흙을 먹는 풍습을 기록한 480편의 글을 분석했다. 이 연구를 통해 미네랄 부족과 섭취에 관한 여러 문제를 살필 수 있게 되었다. 흙을 먹는 사람 이야기는 한국에도 있다.

세종 26년(AD.1444년) 『세종실록』에 흙을 먹은 백성에 대한 기록이 있다. "임금이 황해도에 흉년이 들어 백성들이 모두 흙을 파서 먹는다는 말을 듣고, 지인(知印) 박사분(朴思賁)을 보내어 가서 알아보게 하였더니, 이때 사분이 회계(回啓)하기를, '해주 인민들이 흙을 파서 먹는 자가 무릇 30여 인이나 되었으며, 장연현(長淵縣)에서는 두 사람이 흙을 파서 먹다가 흙이 무너져 깔려 죽었다 하오나, 그렇게 대단한 기근은 아니었습니다' 하였다." [50]

『성호사설』에도 흙을 먹었다는 기록이 있다. 성호사설의 저자 이익(AD. 1681-1763)은 흙으로 떡을 만든다는 말을 듣고, 자기도 한 입 맛보았다고 고백한다. 그리고 '먹을 만하다'라며 별일 아닌 것처럼 얘기한다. 사대부들이야 흙을 먹고 지낼 일이 없으니, 대충 맛을 보고선 먹을 만하니 알아서들 하라는 것이다. 정산(定山) 지방 어느 골짜기에 이상한 흙이 있는데, 토인들이 그 흙을 파다가 음식을 만들되, 쌀가루 한 말에 흙 다섯 되씩을 섞어서 떡을 만든다고 한다. 어떤 이가 가져와서 나에게 보이는데, 복령(茯苓)처럼 하얗고 매우 진기가 있었다. 씹어보니, 조금 흙냄새는 났지만 음식을 만들 만한 것이었다. 51)

흙을 먹는 일은 일제강점기까지도 이어졌다. 당시 조선의 농촌 문제를 다룬 기사에 '흙을 먹는 사람들'에 대한 기사가 있다. 그리고 그 혼합용의 곡물도 진하고 나면 드디어 흙을 취하여 먹는다. 흙을 먹는다 하면 얼마나 거짓말 갓지마는 실로 거짓말 갓은 말이다. 그러나 나는 전라북도 이리(익산시) 농촌에서 조선 소작인이 가져온 흙을 보았다. 52)

또 다른 기사도 있다. "경긔도 양평군 양동면 계뎡리는 빈한한 농촌으로 춘궁을 당하야 초근목피까지 먹어버리고 먹을 것이 업서서 뒷산에서 나는 흰 진흙 백점토을 파서 거기다 좁쌀가루를 너허 떡을 만드러 먹는다는 소문을 양평경찰서에서 탐지하고 그 흙을 구해다가 륙일 오후에 경긔도 경찰부 위생과로 보냇음으로 …" 53)

왜 세계 곳곳에서 흙을 먹는 기록이 남겨져 있는가? 흙을 먹는 것은 주로 미네랄 부족을 보충하기 위해 이루어졌다. 흙에는 철, 칼슘, 마그네슘 등 필수 미네랄이 포함되어 있으며, 이러한 미네랄을 섭취하기 위해 흙을 먹는 것이 일반적이다. 이는 단지 인간에게만 국한되지 않고 동물에게서도 관찰되는 현상이다. 연구에 따르면 동물들은 미네랄이 부족할 때 특정 행동을 통해 필요한 영양소를 보충하려고 한다. 사슴과 같은 초식동물은 종종 자연적으로 발생하는 소금 핥기 장소를 찾아 나트륨을 보충한다. 양과 같은 반추동물들은 칼슘, 인과 같은 특정 미네랄이 결핍될 때 흙, 뼈, 또는 다른 동물의 배설물을 먹음으로써 이를 보충하려는 행동을 보인다. 이러한 행동은 환경에서 자연적으로 이용할 수 있는 가장 쉬운 미네랄 공급원 중 하나이기 때문이다. 54)-55) 미네랄이 부족할 때 인체가 보이는 반응이 있다.

당김의 미학

첫째, 부족한 미네랄이 들어있는 음식을 갈망한다. 이는 신체가 필요한 영양소를 보충하려는 생리적 반응이다. 이 현상은 다양한 생리적 메커니즘을 통해 설명할 수 있으며, 구체적인 실례들도 많이 있다.

둘째, 미네랄이 부족하다는 신호를 전달한다. 미네랄은 신체의 다양한 생리적 기능에 필수적이다. 부족할 경우 신체는 특정 미네랄이 풍부한 음식을 갈망하게 하여 이를 보충하려고 한다. 이는 뇌의 시상하부가 신체의 영양 상태를 감지하고 부족한 영양소를 보충하려는 신호를 보내기 때문이다.

셋째, 미네랄 부족을 호르몬과 신경 전달 물질로 표현한다. 예를 들어, 마그네슘 부족은 스트레스 호르몬인 코르티솔 수치를 증가시켜 탄수화물이나 단 음식을 갈망하게 만든다. 이와 같은 갈망은 신경 전달 물질의 불균형으로 인해 발생할 수 있다.

넷째, 미각과 후각의 변화를 준다. 특정 미네랄의 결핍은 미각과 후각을 변화시켜, 특정 음식이 더 맛있게 느껴지도록 할 수 있다. 예를 들어, 아연 결핍은 미각을 둔화시켜 짠 음식에 대한 갈망을 증가시킬 수 있다.

미네랄 부족현상

첫째, 나트륨 부족이다. 나트륨은 체액 균형과 혈압 조절에 중요한 역할을 한다. 나트륨이 부족하면 신체는 자연스럽게 나트륨이 많이 함유된 음식을 갈망하게 된다. 라면은 나트륨 함량이 높은 음식 중 하나로, 나트륨이 부족할 때 사람들이 라면을 갈망하는 현상이 발생할 수 있다. 대한민국 국민의 라면 소비량이 연간 70개를 조금 넘는다. 이는 탈수와 나트륨 부족에 대한 간접적인 통계 수치일 수 있다.

둘째, 철분 부족이다. 철 결핍성 빈혈을 겪는 사람은 종종 붉은 고기나 간과 같은 철이 풍부한 음식을 갈망한다. 철은 혈액에서 산소를 운반하는 역할을 하기에 철이 부족할 때 신체는 이를 보충하기 위해 철이 많은 음식을 원하게 된다. 이러한 갈망은 신체가 부족한 영양소를 보충하려는 자연스러운 반응이다.

셋째, 임신부의 특정 음식 갈망이다. 임신 중에는 태아의 성장과 발달을 위해 추가적인 영양소가 필요하다. 임신부는 종종 특정 미네랄이 부족할 때 이를 보충하기 위해 특정 음식을 갈망하게 된다. 칼슘이 부족한 임신부는 유제품을 더 많이 갈망할 수 있다. 이는 태아의 뼈 발달을 위해 필요한 칼슘을 공급하기 위한 신체의 자연스러운 반응이다.

이러한 음식 갈망 현상은 신체가 부족한 영양소를 보충하기 위한 자연스러운 반응으로 이해할 수 있다. [56]

인체와 흙의 원소 유사성

현대 과학은 인체와 흙의 원소가 같음을 말한다. 아래의 도표는 흩어져 있는 여러 연구 자료를 취합하여 보니 인류가 흙으로 만들어졌다는 성경의 기록과도 일치한다. '신토불이(身土不二)'라는 말은 종종 특정 지역에서 자란 식물이 그 지역 사람의 몸에 가장 잘 맞고 건강에 이롭다는 뜻으로 사용된다. 그러나 가장 정확한 표현은 몸과 흙이 둘이 아니라 하나라는 뜻이다. 곧 미네랄의 구성 요소가 같다는 말이다.

미네랄	함량(%)	관련 서적 및 연구 기관
산소	65.00	Wikipedia - Composition of the Human Body
탄소	18.00	National Institutes of Health
수소	10.00	National Center for Biotechnology Information
질소	3.00	ScienceDirect
칼슘	2.00	National Institutes of Health - Calcium
칼륨	0.25	Mayo Clinic - Potassium
염소	0.33	National Center for Biotechnology Information
나트륨	0.21	Harvard T.H. Chan School of Public Health- Sodium
유황	0.25	PubChem - Sulfur
인	1.00	National Institutes of Health - Phosphorus
철	0.04	World Health Organization – Iron
마그네슘	0.05	National Institutes of Health - Magnesium

또 인체와 흙은 미네랄의 순환 구조가 흡사하다. 인체에 필요한 미네랄은 주로 토양에서 유래하며, 식물과 동물을 통해 섭취된다. 토양 속의 미네랄은 지질학적 과정을 통해 분해되고 식물의 뿌리를 통해 흡수되어 식물체 내에 저장된다. 인간은 이러한 식물을 섭취함으로써 필요한 미네랄을 얻는다. 57)

미네랄이 인체와 흙에서 하는 역할도 비슷하다. 인체와 식물 모두에서 미네랄은 중요한 생리적 기능을 수행한다. 일례로 칼슘은 인간에게 강한 뼈를 제공하며, 식물에서는 질소가 강한 줄기를 자라게 한다. 또한 인체에서 철은 산소를 운반하는 역할을 하며, 식물에서는 인이 에너지를 저장하고 이동시키는 역할을 한다. 58)-59)

농업에서 연작(連作, continuous cropping)은 같은 작물을 같은 토양에서 여러 해 동안 연속적으로 재배하는 농업 관행이다. 연작의 주된 문제는 특정 작물의 반복 재배로 인해 특정 영양소가 고갈되고, 병해충이 축적된다. 이러한 문제를 해결하기 위해 윤작(輪作, crop rotation)이 권장된다. 윤작은 다양한 작물을 순환 재배하여 토양의 영양 상태를 유지하고 병해충 발생을 줄이는 데 도움을 준다.

감나무 열매에 '격년 결실'(biennial bearing) 형상이 있다. 이는 한 해는 열매를 많이 맺고, 다음 해는 거의 열매를 맺지 않는 현상을 말한다. 주된 이유는 한 해에 많은 열매를 맺으면 나무의 영양소가 고갈되어 다음 해에는 충분한 자양분이 부족해 열매를 맺기 어렵게 된다. 이 문제를 해결하는 방법은 문제 속에 있는 해답을 찾으면 된다. 미네랄 부족을 채우는 것이다.

농작물마다 필요한 영양소의 종류와 양이 있고 그것을 충분히 채우면 질병 없이 성장할 수 있다. 그런데 농학자도 농부도 그 영양소의 종류와 양을 정확히 모른다. 다만 어렴풋이 짐작할 뿐이다. 그러나 놀랍게도 해당 작물은 필요한 영양분의 종류와 조합을 정확하게 알고 있다. 그래서 해당 식물을 수확한 후 부산물을 퇴비로 사용하면 된다. 실례가 있다.

사탕수수를 수확한 후 그 부산물인 버개스(bagasse)를 토양에 넣고 사탕수수를 재배하면 사탕수수의 생장과 수확량을 늘어난다. 이는 버개스가 단순한 폐기물이 아니라 사탕수수에 필요한 양분의 종류와 함량 조합이 가장 유용한 영양 공급원임을 말한다. 그러면 인간에게 가장 필요한 미네랄의 종류와 조합을 알 수 있는가? 60)

최적의 조합은 아무도 모른다.

현대 과학은 인체의 이상적인 미네랄 조합에 관해 명확한 해답을 가지지 않았다. 인체에 필요한 미네랄의 종류와 함량 심지어 아직 발견하지 못한 미네랄이 체액에 녹아서 어떤 활동을 하고 있는지조차 알지 못한다. 마치 신의 영역처럼 너무 많이 모른다. 아래의 도표에서 보듯이 미네랄은 지금도 발견되고 그 역할도 조금씩 알게 될 것이다.

미네랄	발견자(년도)	활용의 예
철	고대(알 수 없음)	산소 운반, 에너지 대사, 면역 기능
아연	Andreas Sigismund Marggraf(1746)	면역 기능, 단백질 합성, DNA 합성
마그네슘	Joseph Black(1755)	단백질 합성, 근육, 신경 기능, 혈압 조절
이리듐	Smithson Tennant(1803)	산화 저항성, 촉매, 암치료 방사선
칼슘	Sir Humphry Davy(1808)	뼈와 치아 건강, 신경 전달, 근육 수축
요오드	Bernard Courtois(1811)	갑상선 호르몬 생성, 신진대사 조절

아는 것 일부는 물이 전체 체중의 약 60~70%를 차지하며, 이 체액의 60%는 세포내액에, 나머지는 세포 외액에 존재하고 미네랄 나트륨(Na^+), 칼륨(K^+), 칼슘(Ca^{2+}), 마그네슘(Mg^{2+}), 염소(Cl^-) 등은 체내 수분 균형을 유지하고 신경과 근육 기능을 조절하며 다양한 생리적 과정을 지원한다는 정도를 알고 있을 뿐이

다. 일부 아는 것도 있다.

최소량의 법칙과 길항작용이다. 최소량의 법칙(Law of the Minimum)은 독일의 화학자 저스트뤼스 폰 리비히(Justus von Liebig)가 제안한 이론이다. 이 법칙에 따르면 식물의 성장은 가장 결핍된 영양소에 의해 제한된다. 이는 다른 영양소가 충분하더라도, 하나의 필수 영양소가 부족하면 식물의 성장이 그 부족한 영양소에 의해 결정된다. 일례로 토양에 질소(N), 인(P), 칼륨(K) 등이 모두 충분하여도 마그네슘(Mg)이 부족하면, 식물의 성장은 마그네슘의 양에 의해 제한된다. 61)-63)

길항작용(antagonism)은 미네랄 두 물질이 서로의 작용을 방해하거나 감소시키는 현상을 의미한다. 미네랄 간의 길항작용은 특정 미네랄의 과잉 또는 결핍이 다른 미네랄의 흡수와 기능에 영향을 미치는 것을 말한다. 주요 미네랄 간의 길항작용은 다음과 가다. 칼슘(Ca)이 과잉일 경우 마그네슘(Mg)의 흡수가 감소한다. 아연(Zn)의 과잉은 구리(Zn)의 흡수를 방해한다. 철(Fe)의 과잉은 망간(Mn)의 흡수를 감소시킬 수 있다. 이렇게 최소량의 법칙과 길항작용이 미네랄의 효과를 감소하거나 억압할 수 있다. 64) 그러나 여기 반전하는 법칙을 발견하였다.

미네랄의 상승효과

인체는 거대하고 정밀하며 상호 협력으로 생명 활동을 일사불란하게 수행하는 조직체이다. 그리고 이런 조직을 움직이는 다양한 미네랄이 상호 상승효과를 가진다면 더 효율적일 것이다. 연구에 의하면 이온 미네랄 집단은 서로 흡수와 대사를 촉진하는 상승효과가 있다.

중국 남북조 시대에 왕유가 쓴 '도잠집'에 "우후죽순(雨後竹筍)"이란 표현이 있다. 이는 "비가 온 후에는 죽순이 마구 돋아난다."라는 말이다. 이 말은 어떤 사물이나 현상이 급격히 늘어나는 상황을 묘사할 때 주로 사용된다. 그렇다면 정말 빗물에 식물을 급성장시키는 어떤 특별한 성분이 들어있는가? 과학의 대답은 그러하다 긍정한다.

빗물은 그 독특한 구성과 특성 덕분에 식물 성장에 크게 도움이 된다. 빗물에는 질산염 형태의 필수 영양소 질소가 포함되어 있다. 이 질산염은 울창한 잎 생산에 중요하며, 단백질, 아미노산, 엽록소의 형성을 지원해 식물 전체의 건강에 이바지한다.

또한 빗물은 토양에서 칼슘과 마그네슘을 용해해 식물이 더 쉽게 흡수할 수 있도록 돕는다. 또 빗물의 pH는 보통 약 6.2에서 6.8로 약간 산성을 띠는데, 이는 식물 대부분에 유익하다. 이 pH는 토양 속의 영양소를 풀어준다. 반면, 수돗물은 종종 화학 물질을 포함하고 pH가 높아 영양소 흡수를 방해하고 토양 건강에 부정적인 영향을 미칠 수 있다.

빗물은 수돗물보다 용존 산소가 더 많이 포함되어 있어 뿌리의 산소공급을 개선하고 전체적인 식물 대사를 촉진하여 더 건강한 성장을 끌어낸다. 빗물에는 수돗물과 달리 염소와 같은 화학물질이 없어 토양에 유해 물질이 축적되는 것을 방지하여 뿌리 손상 및 성장 억제를 방지할 수 있다. 빗물은 일반적으로 주변 온도와 비슷하여 식물에 더 적합하다. 이는 온도 충격을 피하고 물 흡수를 촉진하여 식물의 회복력을 높인다.

미네랄의 상승효과는 최소량의 법칙과 길항작용과 대척점에 있다. 이 두 가지 법칙과 작용은 미네랄의 작용을 억제하는 것이라면 빗물의 미네랄에서 발견할 수 있는 것은 상승작용이다. 질소(N)와 칼륨(K)은 함께 사용될 때 각각 단독 사용 시보다 더 높은 수확량을 얻을 수 있다. 칼륨은 질소의 흡수를 촉진하고, 식물의 전반적인 생장과 영양 상태를 개선하여 질소 사용량을 줄이더라도 같은 수확량을 유지할 수 있게 한다. 또 비타민 D_3는 칼슘의 흡수율을 높인다.

미네랄은 서로 복잡하게 상호작용하며, 하나의 미네랄 변화는 다른 여러 미네랄에도 영향을 미친다. 이러한 상호작용은 비타민, 호르몬, 신경 기능에도 영향을 준다. 예를 들어, 철과 구리는 서로의 대사 기능을 돕는 시너지를 보인다. 또한, 마그네슘은 칼륨의 세포 내 보유를 강화하여 상호작용한다. 이는 농업에서 중요한 상승효과의 예이다. 65)-67) 이런 이온성 미네랄 집단이 있다. 해수이다.

해수와 체액의 유사성

체내 미네랄과 바닷물 미네랄의 구성이 매우 유사하다는 연구가 있다. 킨턴 메디컬(Quinton Medical)이 등장 해수에 관하여 다음과 같은 연구 결과를 발표하였다. 등장 해수(Isotonic seawater)는 체액, 특히 혈장과 매우 유사한 미네랄로 이루어져 있다. 등장 해수는 혈장과 같은 농도의 염분을 포함하고 있으며, 이는 체내 세포 재생을 돕는 것으로 알려져 있다. 등장 해수는 9g의 염분을 포함하고 있어 체내 균형을 유지하고 세포 재생에 이바지한다.

킨턴 메디컬이 해수의 건강상의 이점에 관하여 정보를 제공하였다. 해수에는 칼슘, 마그네슘, 칼륨 등 여러 중요한 미네랄이 포함되어 있으며, 이는 신체의 전반적인 건강 촉진에 도움을 준다. 해수의 미네랄은 세포 영양을 촉진하고, 정상적인 소화를 돕고, 체액과 전해질 균형을 유지하며, 피로를 줄이고 에너지 대사 개선에 이바지한다.

대영백과사전(Encyclopedia Britannica)의 체액과 해수의 비교에 관한 연구에서 해수는 96.5%의 물과 2.5%의 염분 및 기타 물질로 구성되어 있으며, 이는 체액의 구성과 비슷하다. 체액도 여러 미네랄과 전해질을 포함하고 있어 신체 기능을 유지하는 데 필수적이다. 이는 해수의 미네랄 성분이 체내에서 효율적으로 사용될 수 있음을 시사한다. 68)-70)

동질(同質)의 것으로 동질의 것을 파악한다! 바닷물에는 지구상에 존재하는 거의 모든 종류의 원소가 녹아 있다. 그 가운데 가장 많이 녹아 있는 원소는 나트륨과 염소이다. 사람의 몸에는 몸무게의 약 60~70%나 되는 물이 있다. 그리고 그 수분의 약 30%가 혈액과 조직액이다.

조직액은 모세혈관에서 스며 나와 세포의 틈을 채우는 액체이다. 그리고 인체를 둘러싸고 있는 액체와 조직액에 녹아 있는 주된 원소도 나트륨과 염소이다. 나아가 혈액과 조직액에는 칼륨, 칼슘, 마그네슘 등이 녹아 있다. 이들 원소는 바닷물에도 많이 녹아 있다. 혈액과 조직액, 바닷물에 많이 녹아 있는 원소와 농도가 같다는 것을 알 수 있다.

이에 비해 인체 수분의 약 70%는 세포 내부의 물이다. 세포 내부의 물에 녹아 있는 주된 원소는 바닷물과는 전혀 다르다. 세포 내부의 물에 녹아 있는 것은 주로 칼륨과 인산수소 이온이며 칼슘과 염소는 거의 녹아 있지 않다. 그러면 왜 바닷물과 혈액이나 조직액의 성분이 비슷할까? 혈액이나 조직액이라는 바닷속을 떠돌고 있기 때문이다.

바닷물과 인체의 원소는 비슷하다.

바닷물에 녹아 있는 원소: 바닷물의 성분은 장소와 수심에 따라 조금씩 다르다. 도달하는 태양광선의 양과 서식하는 생물의 양, 유입되는 민물의 양 등에 따라 다르기 때문이다. 아래에는 평균값을 나타냈다.

조직액에 녹아 있는 주된 원소는 나트륨과 염소이다. 태아의 주위에 있는 엄마의 양수도 조직액과 같은 성분을 띠고 있다. 바닷물과 체조직에 녹아 있는 원소를 비교한 것이다.

성 분	바닷물 비율(%)	조직액 비율(%)
염소	42.30	42.30
나트륨	34.20	34.20
탄산수소 이온	19.20	19.20
칼륨	1.60	1.60
인산수소 이온	1.00	1.00
황산이온	1.00	1.00
칼슘	0.50	0.50
마그네슘	0.25	0.25

혈액에는 원소와 전해질이 녹아 있다. 혈액에 녹아 있는 주된 원소는 나트륨과 염소이다. 산소와 이산화탄소는 직접 혈액이 녹아 있는 것이 아니라 적혈구에 의해 운반된다. 71)-74)

세포 내부의 물에 녹아 있는 주된 원소와 전해질은 칼륨과 인산수소 이온이다. 반대로 칼슘과 염소는 거의 녹아 있지 않다.

세포 내부 물에 녹아 있는 원소와 전해질 75)-78)

성 분	비율(%)
칼슘(K)	48.3
인산수소 이온(HPO_4^{2-})	41.5
탄산수소 이온(HCO_3^-)	4.8
마그네슘(Mg)	2.5
나트륨(Na)	2.5
황산이온(SO_4^{2-})	0.4

많은 과학자는 사람 체액에 포함된 미네랄 성분과 가장 유사한 조합이 건강에 가장 유익할 것으로 추측하고 있다. 이는 사실일까? 그렇다. 사람 체액의 미네랄 조성과 가장 가까운 천연 공급원은 바로 바닷물이다.

미네랄의 보고(寶庫) 바닷물

바닷물은 다양한 미네랄이 풍부하게 포함된 자연 자원이며, 해양 미네랄은 여러 가지 건강상의 이점을 제공한다. 바닷물의 미네랄 함량은 96.5%가 물이고, 나머지 3.5%는 다양한 미네랄로 구성되어 있다. 바닷물의 주요 미네랄로는 나트륨(0.3934%)과 염소(0.6066%)가 가장 많이 포함되어 있으며, 그 외에도 황산염(0.27%), 마그네슘(0.14%), 칼슘(0.04%), 칼륨(0.04%), 중탄산염(0.01%), 브롬화물(0.01%) 등이 있다. 또한, 미량의 철(Fe), 망간(Mn), 구리(Cu), 아연(Zn)도 포함되어 있다.

해양 미네랄의 이용과 이점은 매우 다양하다. 첫째, 해양 미네랄은 식품 보충제로 사용되어 인체에 필수적인 미네랄 섭취를 돕는다. 둘째, 해양 미네랄은 피부미용 제품에 활용되어 피부 건강과 재생을 촉진하고 피부 질환 완화에 도움을 준다. 셋째, 해양 미네랄은 토양 개량제나 비료로도 사용되어 작물의 성장에 기여한다.

해양 미네랄의 건강상 이점도 많다. 해양 미네랄은 체내에서 미네랄 균형을 유지하고, 미네랄 결핍을 예방하는 데 도움을 준다. 또한, 마그네슘과 같은 미네랄은 근육 이완과 스트레스 해소에 유익하며, 항산화 작용을 통해 세포 손상을 예방하는 역할을 한다. 81)-86

시판 소금의 미네랄 비교 87)

소금 종류	염소(%)	나트륨(%)	기타 미네랄
천일염(Sea Salt)	55.0	38.3	6.7
게랑드(Sel Gril)	55.0	38.3	6.7
죽염(Bamboo Salt)	60.0	37.9	2.1
암염(Rock Salt)	60.0	39.0	1.0
핑크 소금(Pink Salt)	60.0	39.1	0.9
정제염(Refined Salt)	60.0	39.3	0.7

건강에 좋은 소금

건강에 좋은 소금은 미네랄이 풍부한 소금이다. 좋은 물에 미네랄이 풍부한 것처럼, 소금 역시 다양한 미네랄을 함유하고 있어야 건강에 이롭다. 미네랄 복합체가 고혈압에 미치는 영향을 살펴보면 그 이유를 알 수 있다. 이온 미네랄 복합체는 단일 미네랄인 염화나트륨(NaCl)보다 다양한 미네랄이 함께 있을 때 고혈압을 낮추는 데 더욱 효과적이다. 특히, 칼륨(K), 마그네슘(Mg), 칼슘(Ca)과 같은 미네랄은 나트륨의 부정적인 영향을 상쇄하고 혈압을 조절하는 데 중요한 역할을 한다.

칼륨(K)은 여러 연구에서 나트륨의 배설을 촉진하여 고혈압을 낮추는 효과가 있는 것으로 밝혀졌다. 높은 칼륨 섭취는 나트륨의 재흡수를 억제하여 혈압을 낮추는 데 기여한다.

마그네슘(Mg)은 혈관 확장을 돕고, 혈압을 조절하는 데 중요한 역할을 한다. 마그네슘 섭취가 충분하면 혈압이 낮아지는 효과가 있으며, 이는 특히 고혈압 환자에게 유익하다.

칼슘(Ca)은 혈압을 낮추는 데 도움을 주며, 특히 임신성 고혈압의 위험을 줄이는 데 효과적이다. 충분한 칼슘 섭취는 나트륨의 부정적인 영향을 줄이고 혈압을 안정시키는 데 기여한다. [88)-89)]

이 지식에 근거하면, 기타 미네랄이 높은 천일염이 가장 좋은 소금이고, 정제염은 미네랄 함량이 적어 가장 낮은 소금으로 평가될 수 있다. 탈수된 사람이 정제염을 섭취해도 체수분이 일시적으로 올라가지만, 시간이 지나면 복합미네랄 섭취 시 나타나는 상승효과가 없어 다양한 질병을 유발할 수 있다.

소금 맛을 결정하는 요인

소금은 원재료, 제조 방법, 그리고 미네랄 함량에 따라 맛과 건강에 미치는 영향이 다르다. 소금을 만드는 바닷물, 포함된 미네랄의 양과 종류, 그리고 소금 입자의 모양과 크기가 소금의 맛을 결정하는 주요 요인이다.

바닷물의 차이가 소금 맛을 결정한다. 바닷물의 깨끗함과 유기물의 양, 미네랄 함량은 바다마다 다르다. 일례로 칼슘, 칼륨, 마그네슘 같은 미네랄의 양이 다르면 소금의 맛도 달라진다. 깨끗한 바닷물일수록 순수한 소금을 얻을 수 있다.

미네랄 함량 차이가 소금 맛을 좌우한다. 소금에 포함된 미네랄 성분은 나트륨(Na), 마그네슘(Mg), 칼륨(K), 칼슘(Ca) 등을 포함한다. 미네랄이 많으면 소금의 맛이 다양해지고 건강에 유익한 성분을 제공한다. 그러나 마그네슘과 같은 미네랄은 쓴맛을 유발할 수 있어 제조과정에서 제거하려 한다. 또 입자의 모양과 크기가 소금 맛에 영향을 준다. 소금 입자의 모양과 크기는 녹는 속도에 영향을 주며 이는 맛에 영향을 미친다. 미세한 입자는 빠르게 녹아 음식에 빨리 흡수되고 큰 입자는 천천히 녹아 독특한 식감을 제공한다.

제조 방법의 차이가 소금 맛을 결정한다. 소금은 다양한 방법으로 제조된다. 천일염은 바닷물을 증발시켜 얻으며 불순물을 제거하는 세척 과정을 거친다. 재제염과 꽃소금은 소금을 물에 녹여 불순물을 제거하고 다시 결정화시키는 과정을 포함한다. 이러한 제조 방법은 소금의 순도와 미네랄 함량에 영향을 미친다. **간수의 역할**이 소금 맛을 크게 좌우한다. 간수는 소금 제조과정에서 제거되는 미네랄 농축액이다. 간수에는 나트륨, 마그네슘, 칼륨, 칼슘 등 다양한 미네랄이 포함되어 있으며 이는 건강에 유익한 성분이다. 그러나 마그네슘의 쓴맛 때문에 간수를 제거한다. 90)

소금 맛과 간수는 매우 중요한 함수관계가 있다. 간수란 무엇인가? 간수는 소금을 제조할 때 생기는 미네랄 농축액이다. 간수에는 나트륨(Na), 마그네슘(Mg), 칼륨(K), 칼슘(Ca) 등 다양한 미네랄이 포함되어 있다. 이러한 미네랄은 바닷물이 증발하면서 소금이 형성될 때 농축되어 남는 물질이다. 소금 제조과정에서 간수를 제거하는 몇 가지 이유가 있다.

첫째, 간수에 포함된 마그네슘이 쓴맛을 내기 때문이다. 그러나 간수에는 건강에 유익한 다양한 미네랄이 포함되어 있다. 이 미네랄은 체내 전해질 균형으로 생명 활동을 지배한다. 그만큼 중요하나 맛을 개선하기 위해 유용한 미네랄도 함께 제거하는 것은 매우 아쉬운 일이다.

둘째, 간수를 빼면서 잃어버리는 미네랄의 중요성을 간과하기 때문이다. 5대 영양소를 말하면서 탄수화물, 지방을 강조하다 세계대전을 경험하면서 단백질의 중요성을 깨닫고 지나칠 정도로 강조했다. 그리고 최근에는 비타민의 중요성이 주목받고 연구 내용이 대중에게 전달되고 있다. 그러나 상대적으로 미네랄에 관한 연구가 부족하여 그 중요성이 드러나지 않는다. 하지만 미네랄이 다음 세대의 건강 화두를 이끌어갈 것이다.

셋째, 쓴맛을 내는 마그네슘을 쓰지 않게 하고 다량의 미네랄을 잃지 않는 제조하는 기술이 없기 때문이다. 이는 과학적으로 해결해야 할 과제이다.

해수 농업

1999년 9월 24일, 일본 구마모토현 야즈시로해 연안에 태풍 18호 태풍 바트(Typhoon Bart)가 강타했다. 시라누이 간척지에서는 높은 조수가 제방을 넘어 560ha 중 ⅓이 해수에 침수되었다. 특히 바다에 가장 가까운 료후크의 기타하라씨(36세)의 논은 수심 60~70cm까지 해수에 덮였다. 이로 인해 이삭이 익기 시작한 벼는 전멸하여 소의 먹이로 활용할 수밖에 없었다.

태풍 이후 맑은 날이 계속되었고, 논흙은 소금으로 하얗게 덮였다. 기타하라씨는 논 전면에 2일 정도 담수하는 작업을 3회 반복하여 제염했다. 그러나 다음 작물 재배에 대한 문제는 여전히 남아 있었다. 10월 하순에 양파를 심을 예정이었으나 해수를 덮어쓴 지 한 달밖에 지나지 않았기 때문이다. 제염을 했다고는 하나, 저수지에서 끌어온 물에도 어느 정도 해수가 혼합되어 있었다. 토양을 조사해 보니 전기전도도(electrical conductivity, EC)가 평소의 3~4배나 되었다. 기술센터와 농협은 이 상태에서 심어 봐야 말라 죽을 것으로 판단했다.

하지만 이웃 농가에서 재배하던 양파 묘는 말라 죽지 않고 남아 있었다. 양파는 의외로 해수에 강한 것을 알게 된 기타하라씨는 기대를 품었다. 배수가 잘되는 논이어서 그 이후의 비로 인해 제염이 되었는지, 심은 1.5ha의 양파는 수확 때까지 염해 증상이 전혀 나타나지 않았다. 오히려 수확된 양파는 여물고 단단하며, 맛도 이전보다 더 달았다. 해수 덕분에 풍작이 된 것이다.

기타하라씨는 해수를 작물에 직접 살포해 보았으나 초기에는 위축되었지만, 이후에는 더욱 생생해지는 것을 경험했다. 해수를 덮어쓴 후 양파가 풍작이 된 것을 힌트로 삼아, 그는 양파에 해수를 엽면 살포하기로 결정했다. 키토산(500~1000배)과 혼합해 해수를 50~100배로 희석하여 **반당** 100ℓ를 살포했다. 정식 후 그 해에 1회, 이듬해 1~3월 비대기까지 4~5회 살포했다. 비가 계속 올 때 살포하면 병해 예방에도 도움이 된다고 한다. 그 결

과 양파의 당도는 12도까지 올라갔다. 91)-93)

반당은 일반적으로 농업에서 넓이를 나타내는 단위로 사용된다. 이 경우 반은 1단의 절반, 즉 약 1,650 square meters, (500평)의 면적이며 따라서 "반당"은 500평당의 양을 의미한다.

해풍과 수목

해풍을 맞은 수목이 건강하게 잘 자란다. 해풍에는 바다에서 증발한 미네랄이 풍부하게 포함되어 있으며, 이는 수목의 생장에 긍정적인 영향을 미친다. 또한, 해풍은 병해충의 발생을 억제하는 데 도움을 줄 수 있다.

해풍에는 나트륨, 칼륨, 마그네슘, 칼슘 등 다양한 미네랄이 포함되어 있어 수목이 필요한 영양소를 공급받을 수 있다. 해풍은 병해충의 발생을 줄이는 역할을 할 수 있다. 염분이 높은 환경에서는 일부 병해충이 생존하기 어려운 경우가 많고 해안가의 높은 습도와 해풍은 수목이 수분을 유지하는 데 도움이 된. 이는 특히 건조한 계절에 유리하다. 또 해풍은 이산화탄소 농도를 높여 광합성을 촉진한다. 이는 수목의 성장을 가속한다.

제주도는 해풍이 강하게 부는 지역으로, 감귤나무가 대표적인 수목이다. 해풍 덕분에 감귤은 당도가 높고 맛이 뛰어나며, 병해충 발생이 적다. 남해안 지역의 소나무는 해풍을 맞아 건강하게 자라며, 해풍이 병해충을 억제하여 소나무재선충병 발생을 줄이

는 역할을 한다. 94)-95)

항상성, 최소량의 법칙, 길항작용, 상승효과는 인체의 생리에서 중요한 역할을 하며 서로 밀접하게 연결되어 있다. 이들 개념을 통해 인체가 어떻게 균형을 유지하고 다양한 환경 변화에 대응하는지 설명할 수 있다.

항상성은 신체의 내부 환경을 일정하게 유지하려는 생리적 과정이다. 체온, 혈당, pH 수준 등이 그것이다. 클로드 버나드(Claude Bernard)와 월터 캐넌(Walter Cannon)은 항상성의 개념을 확립했으며, 이는 신체의 건강을 유지하는 데 필수적이다.

최소량의 법칙은 생물체의 성장은 가장 부족한 필수요소에 의해 제한된다는 것이다. 예를 들어, 인체의 정상적인 기능을 위해 필요한 미네랄이나 비타민이 부족하면, 그 부족한 요소가 전체 건강에 영향을 미친다. 이는 항상성과 밀접하게 연결되어 있으며, 인체가 필요한 영양소를 균형 있게 섭취해야 함을 강조한다.

길항작용은 두 가지 요소가 서로 반대 방향으로 작용하여 하나의 효과를 억제하거나 감소시키는 현상이다. 예를 들어, 교감신경과 부교감신경은 길항작용을 통해 심박수와 소화 기능을 조절한다. 교감신경이 활성화되면 심박수가 증가하고 소화가 억제되며, 반대로 부교감신경이 활성화되면 심박수가 감소하고 소화가 촉진된다. 이러한 길항작용은 항상성 유지에 중요한 역할을 한다.

상승효과는 두 가지 요소가 함께 작용할 때 그 효과가 단일 요소들의 합보다 큰 현상이다. 예를 들어, 여러 호르몬이 협력하여 혈당을 조절하거나, 면역 시스템이 다양한 세포와 단백질의 협력으로 병원체를 효과적으로 제거하는 것이 상승효과의 예이다. 이는 인체가 다양한 생리적 과정을 통해 최적의 건강 상태를 유지하는 데 도움이 된다.

항상성은 신체의 내부 환경을 일정하게 유지하기 위해 최소량의 법칙, 길항작용, 상승효과와 조화롭게 작용한다. 예를 들어, 체내 칼슘 농도가 감소하면 파라토르몬이 분비되어 칼슘 흡수를 증가시키고, 과도한 칼슘은 길항작용을 통해 배설된다. 또한, 다양한 호르몬과 영양소가 상승효과를 통해 신체 기능을 최적화한다. 이러한 개념들은 인체가 복잡한 환경 변화에 대응하고, 항상성을 유지하여 건강을 유지하는 데 필수적이다. 96)-97)

이 네 법칙이 주는 원리는 인체는 부족하면 당김의 법칙을 통해 취하고 넘치면 배설을 통해 조절한다. 이 일을 가능하게 하는 것은 천연의 이온 미네랄이 항상성, 최소량의 법칙, 길항작용, 상승효과의 조합 속에 자율 조절한다는 것이다. 이 원리를 이해하면 인위적인 조절보다 인체의 요구를 잘 이해하고 천연의 것으로 섭생하면 된다.

1883년에 완공된 브루클린 브리지(Brooklyn Bridge)는 미국 뉴욕의 이스트 강(East River)을 가로지르는 역사적인 다리로 브루클린과 맨해튼을 연결한다. 19세기 중반, 뉴욕은 급속한 인구 증가와 산업화로 인해 교통 혼잡 문제가 심각해졌다. 당시 브루클린과 맨해튼 사이를 오가는 유일한 방법은 페리를 이용하는 것이었는데, 이는 교통량 증가를 감당하기에 턱없이 부족했다.

이 다리는 독일 태생의 엔지니어 존 로블링(John A. Roebling)이 설계했고 1869년에 건설이 시작되었으나 로블링은 초기 단계에서 사고로 사망하게 되었고 그의 아들 워싱턴 로블링(Washington Roebling)이 프로젝트를 이어받았다. 워싱턴 로블링도 현장 점검 중 잠수병에 걸려 거동이 불편하게 되었지만, 그의 아내 에밀리 워렌 로블링(Emily Warren Roebling)이 남편을 대신해 현장을 감독하며 프로젝트를 계속 진행했다. 브루클린 브리지는 14년간의 건설 끝에 1883년 5월 24일에 공식적으로 개통되었다. 브루클린 브리지는 세계 최초의 강철 와이어 현수교이다. 길이는 486.3m(1,595.5피트)로, 당시에는 세계에서 가장 긴 현수교였다.

브루클린 브리지의 완공은 뉴욕시의 경제적 성장을 가속했으며, 브루클린과 맨해튼 간의 교류를 촉진했다. 다리는 뉴욕시의 상징적인 구조물이 되었으며, 수많은 사람에게 도시 생활의 편리함을 제공했다. 브루클린 브리지는 단순한 교량 이상의 의미를 지니며, 뉴욕시의 상징이자 미국의 기술적 진보를 나타내는 대표적인 랜드마크가 되었다. 다리는 많은 예술 작품, 문학, 영화 등에 영감을 주었다. 브루클린 브리지는 건설 당시 많은 어려움과 도전을 극복하고 완성된 기념비적인 구조물로 그 당시의 기술적 혁신과 사회적 변화를 잘 보여주는 사례이다.

바른 지식은 우리의 삶에 여러 가지 축복을 가져다준다. 앎은 문제 해결 능력을 향상하고, 비판적 사고를 촉진하며, 더 나은 결정을 내리는 데 도움을 준다. 또한, 다양한 관점을 이해하고 공감하는 능력을 키워 관계를 풍부하게 한다. 특히, 미네랄에 대한 이해를 통해 우리는 건강한 삶을 유지하고, 일상에서 긍정적인 변화를 경험할 수 있다. 이러한 지식의 축복은 우리의 삶을 더욱 의미 있게 만들고, 지속적인 성장을 가능하게 한다.

5장
해양심층수라 쓰고 생명의 보고라 말한다

계절의 신비
왜 해양 심층수가 중요한가?
해양 심층수의 특징
해양 심층수의 형성과 기원
해양 심층수의 화학적 구성과 영양소
해양 심층수의 생태학적 중요성
해양 심층수와 기후 변화
해양 심층수의 활용
미네랄이 가장 많은 소금
표층수 소금의 문제
동해 해양 심층수
바닷물이 가진 모든 미네랄을 담은 소금
마그네슘의 체내 역할
마그네슘 부족이 만드는 질병

사진 : 동해 해양심층수 순환도

> 바다의
> 무한한 깊이는
> 우리의 영혼을 반영한다.
> 그곳에서 우리는 진정한
> 자아를 발견한다.

깊고 푸른 바다의 심연 속에는 우리가 아직도 정말 이해하지 못한 신비와 아름다움이 숨어있다. 해양 심층수는 그중에서도 가장 신비로운 존재로, 바다의 가장 깊은 곳에서 천천히 움직이며 지구의 건강과 균형을 유지하는 중요한 역할을 한다.

해양 심층수는 표층수와 달리 수백 미터 아래, 태양 빛이 닿지 않는 어두운 바닷속에 존재한다. 이 물은 수백 년, 때로는 수천 년 동안 지구의 깊은 곳을 순환하며, 지구의 역사를 고스란히 담고 있다. 심층수는 오랜 시간 동안 지구의 여러 지역을 거치면서 다양한 미네랄과 영양소를 흡수하여, 그 자체로 하나의 살아있는 기록이 된다.

해양 심층수는 풍부한 영양소와 미네랄을 함유하고 있다. 칼슘, 마그네슘, 칼륨, 그리고 다양한 희귀 미네랄들이 조화를 이루어,

그 물 한 방울 한 방울이 생명에 필요한 요소들을 가득 담고 있다. 이러한 영양소들은 해양 생태계에 필수적이며, 바닷속 작은 생물부터 거대한 고래에 이르기까지 모든 생명체에게 중요한 자원을 제공한다.

심층수는 오염으로부터 멀리 떨어져 있어 그 청정함과 순수함을 자랑한다. 인간 활동의 영향이 미치지 않는 깊은 바닷속에서, 심층수는 그대로의 깨끗한 상태를 유지하며, 지구의 자연 그대로의 모습을 보여준다. 이 물은 지구가 아직 순수했던 시절의 공기를 머금고 있으며, 우리가 잊고 있던 자연의 본질을 다시금 일깨워준다.

해양 심층수는 그 청정함과 영양으로 인해 치유력 또한 지니고 있다. 많은 연구에서 심층수가 인체에 미치는 긍정적인 영향이 밝혀졌으며, 이는 심신의 피로를 풀어주고, 건강을 증진하는 데 도움이 된다. 바다의 깊은 곳에서 얻은 이 물은 자연이 준 가장 순수한 선물로, 우리의 몸과 마음을 치유해준다.

바다의 깊은 곳, 그 어둠 속에 숨겨진 심층수는 우리에게 무한한 상상력과 영감을 준다. 그 물방울 하나하나가 품고 있는 이야기는 끝없이 펼쳐지는 바다처럼 깊고 넓다. 심층수는 단순한 물 이상의 존재로, 그 자체로 예술이며, 자연이 만든 최고의 걸작이다.

해양 심층수는 우리가 지켜야 할 소중한 자연의 유산이다. 그 신비로움과 아름다움, 그리고 순수함을 통해 우리는 자연의 위대함과 우리의 책임을 다시금 깨닫게 된다. 심층수의 깊은 품속에서 우리는 자연과 하나가 되는 순간을 경험하며, 그 신비로운 이야기에 귀 기울이게 된다.

계절의 신비

기울어진 지구와 태양 에너지가 계절을 만든다. 지구의 자전축은 23.5도 기울어져 있다. 자전축의 북쪽이 태양의 반대편으로 기울어져 있는 경우, 지구가 한 바퀴 자전하는 동안 밤이 낮보다 길다. 반대로 태양을 향해 기울어져 있으면 낮이 밤보다 길다. 이때 태양빛을 받는 시간과 태양이 뜨는 고도의 차이가 계절의 변화를 만들어 내게 된다. 여름에는 더 오랫동안 태양 빛을 받으며, 태양이 뜨는 고도가 더욱 높다.

태양의 고도가 주는 영향은 손전등을 생각해보면 쉽게 알 수 있다. 손전등을 하얀 종이에 비스듬하게 비추면 빛이 닿는 면적은 비스듬하게 타원을 그리며 넓어지고, 단위 면적당 도달하는 빛의 양은 적어진다. 반대로 손전등을 종이에 수직으로 비추면 빛이 닿는 면적은 작아지고, 단위 면적당 도달하는 빛의 양은 증가한다. 바로 이 두 가지, 일조시간과 태양의 남중고도의 차이가 계절의 차이를 만들어 내는 것이다.

중위도 지역에서는 여름에 단위 시간당 단위 면적에 더 많은 양의 빛에너지가 도달하며, 태양이 떠 있는 시간마저 늘어나기 때문에 빛을 받는 지역은 태양 에너지가 쌓이게 된다. 따라서 기온이 상승하게 된다. 반대로 태양의 남중고도가 낮아지면 단위 면적에 도달하는 에너지가 작아지며, 일조시간마저 줄어들면 태양에서 공급되는 에너지가 줄어들어 추운 겨울이 되는 것이다.

그런데 적도 근방의 저위도 지역은 극지방의 고위도 지역에 비해 태양의 남중고도가 높기에 같은 시간 동안 햇볕을 받아도 단위 면적에 도달하는 태양 에너지의 양이 더 많다. 그 결과 저위도 지역에는 계절과 관계없이 많은 양의 태양 에너지가 쌓인다. 그러나 극지방은 상대적으로 태양 에너지가 부족한 상황에 부닥친다. 만약 지구에 공기와 물이 없다면 이런 상황은 적도와 극지방에 극심한 온도 차를 만들게 되며, 극지방은 너무 춥고 적도 지방은 너무 더워서 사람이 살기 힘든 환경이 되었을 것이다. 그러나 다행히 지구에 공기와 물이 풍부해서 이런 위도에 따른 에너지의 불균형을 해결하는 일을 열심히 하고 있다.

지구 전체에 이루어지는 공기 대순환의 원동력은 적도와 극지방의 태양 에너지의 불균형 때문이다. 그러나 이렇게 발생한 공기의 흐름은 적도 지방에 남는 태양 에너지를 극지방으로 이동시키는 효과를 일으킨다. 바로 이 효과에 의해서 지구의 위도별 에너지 불균형이 어느 정도 해소된다고 할 수 있다. 그러나 공기가 단위 질량당 저장할 수 있는 열에너지의 양이 많지 않기에 지구 전체에 일어나는 공기의 순환에 의해서만 모든 문제가 해결되지는 않는다. 이 부족한 부분을 메워주는 것이 바로 바람이 만들어 내는 표층해수의 순환이다. 심지어 지구 역사에서 적도에서 이동하는 난류가 극지방까지 도달할 수 있도록 대륙이 분포되어있던 시기에는 북극해에 얼음이 존재하지 않는 시기도 있을 정도로 큰 에너지를 해수가 운송했다.

한 가지 의문이 든다. 사할린과 비슷한 위도에 있는 런던이 어떻게 온화한 기후를 갖게 된 걸까? 이는 유럽인들이 바다에 특히 감사해야 할 이유이기도 하다. 미국 동부 연안을 거쳐 흐르는 멕시코만류는 대표적인 난류이다. 미국 동부를 지날 때는 해안에서 바다로 부는 바람의 영향으로 기후에는 크게 영향을 미치지 못하지만, 유럽의 서부 해안에 있는 영국과 아이슬란드, 노르웨이 일부 지역의 겨울철 기온이 동일 위도에 비해 크게는 20°C 가량 높게 유지되는 것도 난류의 영향 때문이다.

적도 지방에서 출발한 더운 멕시코만류가 북대서양해류로 연장되어 스칸디나비아 반도에까지 북상하면서 열기를 운반해주어 영국과 서부 유럽의 겨울철을 따뜻하게 유지해주고 있다. "바다"가 지구 기후에 절대적인 영향력을 행사하고 있음을 보여주는 대표적인 예이다. 그런데 이런 해류는 어떻게 만들어지는 것일까? 바로 지구를 덮고 있는 대기의 흐름이 표층의 바닷물이 흐를 수 있는 에너지를 공급해 주는 것이다.

세계지도에 그려놓은 해류 모습을 보면 눈에 띄는 특징이 발견된다. 태평양이나 대서양에 북반구에서는 시계 방향, 남반구에서는 반시계 방향으로 원을 그리며 흐르는 커다란 순환류(Gyre)들이다. 순환류가 하는 가장 중요한 역할은 물론 위도를 가로지르며 해수를 섞는 것이다. 지구상에 있는 다양한 물질 중에서 열을 저장할 수 있는 능력이 가장 큰 물질 중 하나가 바로 물이다.

1kg당 1℃에 1,000칼로리의 열을 저장할 수 있는 물의 열에너지 저장능력 덕분이다. 적도 지역에서 출발한 많은 해류는 태양의 열에너지에 의해 온도가 상승하여 난류가 되고, 고위도 지역에 이 에너지를 전달한다. 바로 이런 해류의 순환은 기후 조절의 주역을 담당하고 있다. 그런데 바다에는 또 하나의 흐름이 있다. 바로 바닷속 깊은 곳에서 바닷물이 흐르면서 저어지는 운동(심층류의 대순환)이며, 최근의 여러 연구를 통해 이런 흐름 또한 지구 기후에 엄청난 영향을 미친다는 것을 과학자들이 이해하기 시작했다.

왜 해양 심층수가 중요한가?

해양 심층수는 지구 환경과 생태계에 중요한 역할을 하는 바다의 깊은 곳에 있는 물이다. 이 물은 여러 가지 이유로 중요하며, 그 중요성은 과학적, 생태학적, 기후적, 산업적 관점에서 여러모로 이해할 수 있다.

해양 심층수는 열염순환(thermohaline circulation)의 중요한 구성 요소이며, 이 순환은 지구의 기후 시스템을 조절하며 대기와 해양 간의 열 교환을 통해 지구의 온도 균형을 유지하는 역할을 한다. 심층수의 이동은 극지방에서 적도까지, 그리고 다시 극지방으로 열을 운반하며, 대기 중의 이산화탄소를 흡수하고 저장하는 기능을 한다. 이를 통해 지구 온난화를 완화하는 데 기여하며, 해양에 저장된 이산화탄소는 대기 중 농도를 줄이는 데 도움이 된다.

해양 심층수는 질소, 인, 철 등 필수 영양소가 풍부하며, 표층으로 상승할 때 플랑크톤을 포함한 해양 생물들에게 중요한 영양 공급원이 된다. 그 결과 해양 생물의 생산성이 높아지고, 해양 생태계 전체에 긍정적인 영향을 미치게 된다. 또한 심층수의 순환은 다양한 해양 생물의 서식 환경을 조성하며, 일정한 온도와 영양소는 특정 생물들이 번성하는 데 중요한 역할을 한다.

해양 심층수는 산업적으로도 중요한 자원이다. 미네랄이 풍부하여 건강 보조 식품, 음료, 화장품 등에 널리 활용되며, 인체 건강에 이로운 효과를 제공하고 피부 개선 및 노화 방지에도 도움이 된다. 또한 청정하고 미네랄이 풍부한 심층수는 고급 음료의 원료로 사용되며, 이러한 음료는 건강에 좋고 고급스러운 이미지로 소비자들에게 인기를 끄는 제품이다.

과학적 연구에서도 해양 심층수는 중요한 데이터를 제공하는 자원이다. 심층수의 온도, 염도, 화학 성분 등을 분석함으로써 과학자들은 과거의 기후 변화를 추적하고 미래의 변화를 예측할 수 있게 된다. 또한 해양 생태계 연구의 중요한 대상으로, 그 이동과 생물학적 변화를 이해함으로써 해양 생태계의 복잡한 상호작용을 밝히는 데 이바지한다.

결론적으로 해양 심층수는 지구의 기후 조절, 해양 생태계 유지, 산업적 활용, 과학적 연구 등 다양한 측면에서 중요한 역할을 한다. 이러한 중요성은 지속할 수 있는 관리와 보전의 필요성을 강조하며, 해양 심층수의 보호와 활용에 관한 관심과 노력이 필요하다는 사실을 보여준다. 1)-2)

해양 심층수의 특징

해양 심층수(deep ocean water)는 바다의 깊은 곳, 일반적으로 수백 미터 아래에 있는 물을 의미한다. 이 물은 표층수와는 달리 태양 빛이 닿지 않는 깊은 곳에서 안정적으로 존재하며, 특유의 물리적, 화학적 특성이 있다.

해양 심층수는 극지방에서 형성될 때 차가운 온도로 인해 매우 낮은 온도를 유지한다. 일반적으로 해양 심층수의 온도는 0℃에서 3℃ 사이이다. 차가운 온도와 높은 염분 농도로 인해 해양 심층수는 밀도가 높다. 이 밀도 차이는 심층수가 표층수와 잘 섞이지 않게 하여, 오랜 시간 동안 심층수 상태를 유지하게 한다. 해양 심층수는 표층수보다 염분 농도가 다소 높고 안정적이다. 극지방에서 형성될 때 염분이 농축되며, 이 염분 농도가 깊은 바다에서 유지된다.

해양 심층수는 질소, 인, 철 등의 영양소가 풍부하다. 이는 해양 생물의 성장과 번식에 중요한 역할을 하고, 심층수는 표층수에 비해 산소 함량이 낮다. 이는 유기물이 분해될 때 산소가 소비되기 때문이다. 심층수는 표층수보다 이산화탄소 농도가 높다. 이는 해양 심층수가 대기 중 이산화탄소를 흡수하여 저장하는 역할을 하기 때문이다.

해양 심층수는 열염순환 시스템의 중요한 부분이다. 극지방에서 차가운 물이 침강하여 심층수가 형성되고, 이 물이 대양을 따라 이동하며 지구 기후 시스템에 중요한 역할을 한다. 심층수는 매우 느리게 이동한다. 한 번 형성된 심층수가 대양을 순환하는 데는 수백 년에서 수천 년이 걸릴 수 있다. 해양 심층수는 표층수에 비해 인간 활동으로 인한 오염이 적다. 이는 심층수가 오염원으로부터 멀리 떨어져 있으며, 오랜 시간 동안 깨끗한 상태를 유지하기 때문이다.

해양 심층수는 다양한 측면에서 중요한 역할을 한다. 이는 지구의 기후 조절, 해양 생태계 유지, 산업적 활용 등 여러 분야에서 중요한 자원이다. 해양 심층수의 풍부한 영양소와 청정성은 특히 건강 및 미용 산업에서 높은 가치를 지닌다.

해양 심층수의 형성과 기원

해양 심층수는 바다의 깊은 곳에서 형성되고, 지구의 여러 지역을 순환하며 중요한 역할을 한다. 이 물의 형성과 기원은 주로 지구의 기후 시스템과 연관되어 있으며, 극지방에서의 과정과 열염순환에 의해 결정된다.

북대서양 심층수(North Atlantic Deep Water, NADW)는 주로 그린란드 해역에서 형성된다. 극지방의 차가운 공기가 바다의 표면을 냉각시켜 물의 온도를 낮추고, 이에 따라 물의 밀도가 증가한다. 이 차갑고 밀도가 높은 물은 바다의 깊은 곳으로 가라앉는다.

남극 저층수(Antarctic Bottom Water, AABW)는 남극 주변의 해역에서 형성된 저층수는 매우 차갑고, 높은 염분 농도를 가지고 있다. 이 물은 남극 대륙 주변의 해역에서 형성되어 바다의 깊은 곳으로 가라앉는다.

해양 심층수의 형성은 주로 물의 온도와 염분 농도에 의해 결정된다. 차가운 물과 염분이 높은 물은 밀도가 높아져 가라앉게 된다. 이 심층수는 대양의 깊은 곳에서 전 세계적으로 순환한다. 북대서양에서 형성된 심층수는 대서양을 따라 남쪽으로 이동하고, 남극 주변에서 형성된 저층수는 다른 대양으로 퍼져나간다. 이러한 순환은 지구의 기후 시스템을 조절하는 중요한 역할을 한다.

북대서양 심층수는 그린란드, 아이슬란드, 노르웨이해역에서 형성되고 차가운 공기와 바람이 바다 표면을 냉각시켜 물의 온도를 낮추고, 이에 따라 물의 밀도가 증가하여 바다 깊숙이 가라앉는다. 이 과정에서 고염분의 물이 더욱 밀도가 높아지게 된다.

남극 저층수는 남극 대륙 주변의 해역에서 형성되고 남극의 차가운 기온과 바람이 바다 표면을 냉각시켜 물의 온도를 낮추고, 높은 염분 농도를 가진 물이 깊은 곳으로 가라앉는다. 이는 남극 대륙의 해빙과 바람에 의해 더욱 촉진된다.

북대서양에서 형성된 심층수는 대서양을 따라 남쪽으로 이동하여 남극 해역으로 이동한다. 이 과정에서 다양한 해양 물질과 혼합되며, 전 세계적으로 영양소를 공급하고, 남극에서 형성된 저층수는 대양의 바닥을 따라 전 세계적으로 퍼져나간다. 이 물은 태평양, 인도양, 대서양의 깊은 곳까지 도달하며, 지구 전체의 해양 순환에 중요한 역할을 한다.

해양 심층수는 지구의 기후 시스템, 해양 생태계, 그리고 전 세계적인 영양소 순환에 중요한 역할을 한다. 심층수의 이동은 지구의 온도 조절, 이산화탄소 흡수, 영양소 공급 등 다양한 측면에서 필수적이다.

해양 심층수의 화학적 구성과 영양소

해양 심층수의 화학적 구성과 영양소는 해양 생태계와 지구 기후 시스템에 중요한 역할을 한다. 심층수는 표층수와 달리 독특한 화학적 특성을 가지며, 이는 해양 순환 과정에서 형성되고 유지된다.

염분(salinity)은 심층수에서 일반적으로 높다. 염분은 해수의 밀도에 영향을 주며, 심층수 순환을 일으키는 중요한 원동력 중 하나이다. 염분의 주요 성분은 나트륨(Na)과 염소(Cl)이다.

용존 기체(dissolved gases)는 심층수에서 산소 농도가 표층수에 비해 낮을 수 있다. 이는 유기물 분해와 호흡 작용으로 산소가 소비되기 때문이다. 또한 심층수는 이산화탄소 농도가 높다. 이는 유기물 분해로 발생하며, 심층수는 대기 중의 이산화탄소를 흡수하여 저장하는 역할을 한다.

영양소(nutrients)는 질산염(NO_3^-), 인산염(PO_4^{3-}), 규산염(SiO_4^{4-}) 등이 있다. 이들은 해양 식물 플랑크톤의 주요 영양소로 작용하며, 각각 생물의 골격 형성이나 성장에 필요하다. 기타 화학 물질인 칼슘(Ca)은 해양 생물의 뼈와 껍데기 형성에 중요하며, 마그네슘(Mg)은 해수의 화학적 균형을 유지하는 데 중요한 역할을 한다. 심층수는 생물학적 활동과 물리적 과정에 의해 농축된 영양소가 풍부하다. 이러한 영양소는 해양 생태계의 기초를 형성하며, 심층수가 표층으로 상승할 때 해양 생산성을 크게 높인다.

영양 염류의 순환 과정에서, 심층수에 있는 질산염, 인산염, 규산염은 해양 생태계의 일차 생산자인 식물 플랑크톤에게 중요한 영양소를 공급한다. 이 영양소는 해양 순환을 통해 표층으로 운반되어 해양 생물의 성장과 번식을 지원한다.

생물 펌프(biological pump)는 표층의 식물 플랑크톤이 영양소를 흡수해 성장하고, 이들이 죽거나 먹힌 후 유기물이 심층으로 이동하는 과정이다. 유기물은 심층에서 분해되며, 이 과정에서 영양소와 이산화탄소가 다시 심층수로 돌아간다.

산화 환원 과정에서는 심층수에서 유기물이 분해될 때 산소가 소비되고, 이산화탄소와 영양소가 반출된다. 이 과정은 심층수의 화학적 조성을 변화시키며, 특히 영양소 농도를 높인다.

결과적으로, 해양 심층수는 높은 염분, 낮은 산소 농도, 높은 이산화탄소 농도와 질산염, 인산염, 규산염 같은 풍부한 영양소를 포함한다. 이러한 화학적 구성 요소들은 해양 순환과 생물학적 활동에 의해 조절되며, 해양 생태계의 생산성과 건강에 중요한 역할을 한다.

해양 심층수의 생태학적 중요성

해양 심층수의 생태학적 중요성은 지구 생태계와 기후 시스템에 다양한 중요한 역할을 한다. 그 생태학적 중요성은 여러 측면에서 두드러지며, 해양 생물부터 대기와의 상호작용에까지 광범위한 영향을 미친다.

영양소 공급원으로서 해양 심층수는 질산염, 인산염, 규산염과 같은 영양소가 풍부하여 해양 생태계의 일차 생산자인 식물 플랑크톤에게 중요한 영양소를 공급한다. 특정 해역에서는 심층수가 표층으로 상승(용승)하여 영양소를 공급하며, 이는 해양 생산성을 크게 증가시킨다. 예를 들어, 페루 연안과 같은 해역은 풍부한 어족 자원을 제공한다.

기후 조절에서 심층수는 대량의 이산화탄소(CO_2)를 저장한다. 해양은 대기 중의 CO_2를 흡수하여 심층수로 전달하고, 이는 대기 중 CO_2 농도를 조절하는 데 중요한 역할을 한다. 심층수는 이러한 탄소 순환 과정을 통해 대기 CO_2와의 균형을 유지하는 데 기여한다.

해양 생태계의 다양성에서 심층수는 다양한 해양 생물에게 서식지를 제공한다. 심해 생물들은 독특한 생리적, 생태적 적응을 통해 심해 환경에서 생존하며, 심해 산호초와 동굴은 독특한 생태계를 형성하고 많은 해양 생물의 서식지로 기능한다.

열과 염분의 재분배는 심층수 순환을 통해 이루어지며, 지구 전체에 걸쳐 열과 염분을 재분배하여 해양의 물리적 특성을 유지하고 해류와 기후 패턴에 영향을 미친다. 또한 심층수는 대기와의 열 교환을 통해 지구의 열 균형을 유지하는 데 중요한 역할을 한다.

해양 화학 조성 유지는 심층수의 순환을 통해 이루어지며, 해양 전체의 산소 및 다른 용존 기체 농도를 조절하고 다양한 무기물과 영양소를 순환시켜 해양 생태계의 화학적 균형을 유지한다.

인간 활동과의 상호작용에서 심층수는 풍부한 생물 자원과 광물 자원을 포함하며, 이는 어업, 의약품 개발, 해저 광물 채굴 등에서 중요한 역할을 한다. 또한 심층수 연구는 기후 변화, 해양 생물학, 지구 화학 등에 대한 이해를 증진시킨다.

결론적으로, 해양 심층수는 영양소 공급, 기후 조절, 생물 다양성 유지, 열과 염분 재분배, 해양 화학 조성 유지 등의 다양한 생태학적 역할을 담당하며, 이는 해양 생태계의 건강과 지구 전체의 기후 시스템에 중대한 영향을 미친다.

해양 심층수와 기후 변화

해양 심층수와 기후 변화는 다양한 방식으로 기후 변화에 중요한 역할을 한다. 해양은 지구 시스템의 주요 구성 요소이며, 대기와의 상호작용을 통해 기후를 조절하고 변화에 영향을 미친다. 해양 심층수가 기후 변화에 어떻게 작용하는지 살펴보면 다음과 같다.

탄소 흡수와 저장 역할에서 해양은 대기 중의 이산화탄소(CO_2)를 흡수해 지구 온난화를 완화하는 중요한 기능을 한다. 이 CO_2는 주로 표층수에 흡수된 후 해양 순환을 통해 심층수로 이동하고, 해양 생물들이 CO_2를 흡수해 유기물을 형성한 뒤 죽거나 먹히면서 탄소가 심층수에 저장된다. 이 과정을 "생물 펌프"라고 한다. 심층수는 대기 중 CO_2의 중요한 저장소로 작용하며, 해양은 대기 중 CO_2의 약 50배 이상의 양을 저장할 수 있다. 이 저장된 탄소는 오랜 기간 동안 심층에 머물러 기후 변화 속도를 늦추는 역할을 한다.

열 분포 및 기후 조절 측면에서 열염순환은 해수의 온도와 염분 차이에 의해 발생하는 순환으로 지구 전체에 걸쳐 열과 염분을 재분배한다. 예를 들어, 북대서양 심층수는 따뜻한 열을 고위도로 운반하여 유럽의 기후를 상대적으로 온난하게 유지한다. 이러한 해양 순환은 대기와의 열 교환을 통해 기후를 조절하며, 엘니뇨와 라니냐 현상 역시 이러한 해양 순환 변화로 발생해 전 세계적인 기후 패턴에 영향을 미친다.

산소 순환과 해양 생태계 측면에서 심층수 순환은 해양의 산소 농도를 조절하는데, 대기와 상호작용을 통해 산소를 흡수해 해양 생태계의 생물들이 호흡할 수 있도록 돕는다. 그러나 기후 변화로 인해 해양 온도가 상승하면 해수의 산소 용해도가 낮아져 해양 생태계에 영향을 미치며, 이는 특히 심층수의 저산소 상태를 유발할 수 있다.

해양 산성화는 대기 중 CO_2를 해양이 흡수하면서 탄산이 형성되고, 이로 인해 해수의 pH가 낮아져 산성화가 진행된다. 이 과정은 산호초, 조개류와 같은 탄산칼슘을 사용하는 생물들에게 큰 영향을 미쳐 그들의 생존과 번식에 부정적인 영향을 미칠 수 있다.

장기 기후 변화와 해양 순환에서는 기후 변화로 인해 빙하가 녹고 북극 담수 유입이 증가하면 북대서양 염분 농도가 낮아져 열염 순환이 약화될 수 있다. 이러한 변화는 북유럽과 북미의 기후에 큰 변화를 초래할 수 있으며, 나아가 전 세계 기후 패턴에도 영향을 미칠 수 있다.

결론적으로 해양 심층수는 탄소 흡수와 저장, 열 분포 조절, 산소 순환, 해양 산성화, 그리고 장기 기후 변화에 중요한 역할을 한다. 이러한 역할을 통해 해양은 지구 기후 시스템을 조절하고 기후 변화의 영향을 완화하는 중요한 기능을 수행하며, 앞으로 기후 변화가 심층수의 순환과 화학적 특성에 미칠 영향은 미래 기후 예측과 해양 생태계 보호에 중요한 요소가 될 것이다.

해양 심층수의 활용

해양 심층수의 활용은 다양한 산업 및 환경 분야에서 큰 잠재력을 지닌다. 해양 심층수는 깨끗하고 영양소가 풍부하며, 온도와 염도가 일정하여 여러 가지 응용 가능성을 제공한다. 주요 활용 분야를 살펴보면 다음과 같다.

건강과 식음료 산업에서는 해양 심층수가 풍부한 미네랄을 함유하고 있어 이를 활용한 미네랄 워터와 건강 음료가 큰 인기를 얻고 있다. 해양 심층수는 오염이 적고 천연 미네랄이 풍부하여 건강 음료로 적합하다. 이 미네랄을 식품에 첨가해 영양을 강화할 수 있으며, 천연 소금을 제조하거나 식품의 맛을 개선하는 데에도 이용된다.

농업과 양식업 분야에서도 해양 심층수가 활용된다. 해양 심층수는 토양에 필요한 미네랄을 공급해 작물의 성장과 생산성을 높일 수 있다. 또한, 병해충 억제에도 효과적이다. 양식장에서는 해양 심층수를 사용해 수질을 개선하고, 어류 및 해양 생물의 건강과 성장을 촉진할 수 있다.

의약품과 화장품 산업에서도 해양 심층수가 점점 더 많이 활용되고 있다. 해양 심층수의 특정 성분은 항염, 항산화, 면역 강화 등의 효과를 제공해 의약품 개발에 유용하다. 또한, 해양 심층수는 미네랄 테라피로 건강 관리에 쓰이고, 피부 보습과 재생, 항염 효과를 통해 다양한 피부 관리 제품에 활용된다.

에너지와 환경 산업에서는 해양 심층수와 표층수의 온도 차를 이용해 해양 열 에너지 변환(Ocean Thermal Energy Conversion, OTEC)으로 전기를 생산하는 기술이 발전 중이다. 이 기술은 재생 가능한 청정 에너지를 만들 수 있다. 심층수의 낮은 온도를 이용한 냉각 시스템은 에너지 절약과 효율적인 냉방을 가능하게 하며, 해양 심층수는 오염된 해양과 연안 생태계를 복원하는 데도 활용될 수 있다.

연구와 교육 분야에서도 해양 심층수는 중요한 자료를 제공한다. 해양 심층수의 순환과 화학적 구성은 기후 변화 연구에 중요한 정보를 제공하며, 해양 생태계와 생물 다양성 연구를 통해 해양 보전과 관리에 기여한다. 이러한 연구는 해양학 교육의 중요한 부분을 차지하며, 학생들에게 실습 및 연구 기회를 제공한다.

결론적으로, 해양 심층수는 건강 및 식음료, 농업 및 양식업, 의약품과 화장품, 에너지와 환경 산업, 연구와 교육 등 다양한 분야에서 활용될 수 있는 잠재력을 가지고 있다. 그 특유의 화학적 구성과 생태적 특성 덕분에 여러 산업에 유용하게 사용되며, 지속 가능한 발전에 이바지할 수 있다.

미네랄이 가장 많은 소금

세상에서 제일 좋은 소금 중 하나로 소개할 제품은 독특하고 미네랄이 풍부한 일본의 누치마스(Nuchi-Masu) 소금이다. 이 소금은 일본 오키나와에 기반을 둔 회사에서 생산하며, 그 미네랄 함량과 독특한 제조 과정 덕분에 기네스북에도 등재된 바 있으며, KBS '생로병사의 비밀 57회(2004년 4월 13일)'에도 소개된 회사이다.

회사 설립은 1997년에 이루어졌다. 누치마스 소금 회사의 설립자는 특허받은 미스트 드라이 방식의 소금 생산 장비를 개발하여 미네랄 함량이 높은 소금을 생산하기 시작했다.

기네스북 등재는 2000년에 이루어졌으며, 누치마스 소금은 14종의 미네랄을 포함하고, 염화나트륨 함량은 73%로 다른 소금에 비해 마그네슘은 200배, 칼륨은 10배 더 많이 함유하고 있다.

관광 명소로 누치마스 소금 공장은 매년 120,000명 이상의 관광객이 방문하는 인기 명소이다. 방문객들은 소금 생산 과정을 직접 배우고, 소금으로 만든 아이스크림 등 다양한 음식을 맛볼 수 있다.

수상 경력은 누치마스 소금이 여러 국제 대회에서 높은 평가를 받았음을 보여준다. 특히, 몽드셀렉션(Monde Selection)에서 5년 연속 대상을 수상했다.

제조과정은 오키나와의 깨끗한 바다에서 해수를 추출해 미스트 드라이 방식으로 처리하여 높은 미네랄 함량을 유지한다. 이 과정에서 바닷물은 미세한 입자로 분무되어 건조되며, 열을 가하지 않기 때문에 미네랄 손실이 최소화된다. 누치마스 소금은 **마그네슘, 칼슘, 칼륨**과 같은 미네랄을 풍부하게 함유하고 있어 건강에 유익한 효과를 제공한다. 이러한 미네랄은 특히 전해질 균형 유지, 뼈 건강, 근육 기능에 도움이 된다.

제조과정은 누치마스 소금이 오키나와 바다에서 해수를 추출하여 미스트 드라이 방식으로 처리되어 높은 미네랄 함량을 유지하는 방식이다. 이 과정에서 미야기 섬 주변의 깨끗한 바다에서 해수를 추출한 후, 큰 건조실에서 스프레이 건조를 통해 수분을 제거하면서 미네랄을 보존한다. 소금은 최소한의 가공만을 거쳐 자연 미네랄을 그대로 보존하게 된다. 누치마스 소금이 특별한 이유는 간수를 빼지 않고 해양 미네랄을 온전히 함유한 소금을 생산하며, 쓴맛을 내는 마그네슘을 효과적으로 처리하는 기술을 보유하고 있다는 것이다. 그 결과 누치마스 소금은 미네랄 함량이 매우 높다.

제조 기술로 사용되는 미스트 드라이 기술은 바닷물을 매우 미세한 미스트 형태로 분무하고, 이를 낮은 온도에서 건조하는 과정을 통해 소금을 생산한다. 이 기술은 열을 가하지 않아 미네랄 손실을 최소화하며, 결과적으로 미네랄이 풍부한 소금을 만들어낸다.

미네랄 보존에서 미스트 드라이 방식은 특히 마그네슘, 칼슘, 칼륨 등 다양한 미네랄을 보존하는 데 효과적이다. 그 결과로 누치마스 소금은 일반 소금보다 미네랄 함량이 훨씬 높으며, 이로 인해 소금의 맛이 독특하고 건강에 유익한 효과를 제공한다.

장점으로 이 기술은 미네랄이 풍부한 고품질 소금을 생산할 수 있게 한다. 미네랄이 풍부한 소금은 전해질 균형 유지, 뼈 건강, 근육 기능에 특히 유익하다. 또한 이러한 소금은 음식의 풍미를 더욱 돋보이게 한다.

누치마스 소금은 세계에서 가장 좋은 소금 중 하나로 평가받는다. KBS의 **'생로병사의 비밀'** 프로그램에서 이 소금이 다뤄졌으며, 다양한 전문가의 의견을 바탕으로 소금의 문제점과 현황을 분석한 후, 안심하고 먹을 수 있는 소금으로 누치마스 소금이 소개되었다. 이 소금은 **세계에서 미네랄 함량이 가장 높은 소금으로**, 고혈압 환자도 안심하고 섭취할 수 있다는 점에서 큰 반향을 일으켰다.

바닷물의 깊이에 따른 분류에서 표층수는 해수 표면에서 100m 이내의 물을 말하며, 중층수는 100~200m 사이의 물이다. **해양 심층수**는 200m에서 4km 이내의 물을, 저층수는 태양광이 도달하지 않는 4km 이하의 해저수를 뜻한다. **표층수와 해양 심층수**의 미네랄 종류와 함량에는 큰 차이가 있는데, 이 차이는 물의 기원, 이동 경로, 생물학적 활동, 화학적 상호작용의 결과로 발생한다.

결론적으로, 누치마스 소금은 그 특유의 제조 방식과 미네랄 함량 덕분에 세계적으로 가장 좋은 소금 중 하나로 평가받고 있다. 고혈압 환자도 안심하고 먹을 수 있는 소금으로 소개된 바 있으며, 대한민국에서도 큰 반향을 불러일으켰다.

표층수 소금의 문제

표층수는 햇빛, 대기와의 상호작용, 강우, 그리고 해양 생물의 활동으로 인해 다양한 해양 오염의 영향을 받는다. 따라서 표층수는 미네랄 함량의 변동성이 크고, 방사능물질, 미세플라스틱, 중금속, 영양염 과잉 등의 오염물질에 노출된다. 이를 통해 인체에 미치는 영향도 상당할 수 있다.

미세플라스틱은 5mm 이하의 작은 플라스틱 조각으로, 제품 제조 과정에서 발생하는 1차 미세플라스틱과 더 큰 플라스틱이 분해되어 형성된 2차 미세플라스틱으로 나뉜다. 해양 생태계에 심각한 영향을 미치며, 플랑크톤, 어류, 조류가 이를 섭취하게 되고, 먹이 사슬을 통해 인간에게도 전달된다. 미세플라스틱은 독성 물질을 흡착하여 생물체 내에서 화학적 오염을 일으킨다. **인체에 미치는 영향**으로는 소화기관 내 물리적 자극을 일으켜 염증과 소화 장애를 유발할 수 있으며, 미세플라스틱이 독성 화학 물질(PCB, PAH 등)을 흡수해 호르몬 시스템과 신경계에 영향을 미칠 수 있다. 유전자 독성을 일으켜 세포 손상과 돌연변이를 유발할 가능성도 있다.

방사능물질은 원자력 발전소 사고나 불법 방사성 폐기물 투기로 인해 해양으로 유입된다. 이는 해양 생물의 세포를 손상하고 돌연변이를 유발하며, 먹이 사슬을 통해 인간에게도 방사능 오염의 위험을 증가시킨다. **인체에 미치는 영향**으로는 방사성 동위원소가 DNA를 손상시켜 암 발생 위험을 증가시키고, 갑상선 기능 장애와 같은 호르몬 교란을 유발할 수 있으며, 생식 세포에도 영향을 미쳐 불임이나 유전적 결함을 초래할 수 있다.

중금속은 납, 수은, 카드뮴 등의 형태로 산업 폐수와 광산 폐기물에서 해양으로 유입된다. 중금속은 해양 생물의 신경계와 생식계에 심각한 손상을 일으키고, 생물체에 축적되어 인간에게 중독을 일으킬 수 있다. **인체에 미치는 영향**으로는 납과 수은이 신경계에 직접적으로 독성을 미치며, 이는 학습 능력 저하와 기억력 손상을 유발할 수 있다. 카드뮴은 신장을 손상하고 신부전증을 초래할 수 있으며, 중금속 노출은 혈압 상승과 심혈관 질환의 위험을 증가시킨다.

영양염 과잉은 농업 및 산업 활동에서 유출된 질소와 인이 해양으로 과다 유입되어 발생한다. 영양염 과잉은 해조류의 폭발적 증가로 적조 현상을 일으켜 수질을 악화시키고, 해양 생물 다양성을 감소시킨다. **인체에 미치는 영향**으로는 독성 해조류가 분비하는 독소가 해산물 섭취를 통해 인체에 중독을 일으킬 수 있으며, 독성 물질이 공기 중으로 방출되면 호흡기 문제를 유발할 수 있다. 5)-6)

표층수 오염 물질과 인체에 미치는 영향 7)-10)

오염 물질	오염 요인	인체 건강 영향	참고 문헌
미세 플라스틱	소비재 제품, 플라스틱 분해	소화 문제, 호르몬 교란, 유전 독성	Duis and Coors (2016); Ivleva et al. (2017)
방사성 물질	핵사고, 부적절한 폐기물	암 발생 증가, 내분비계 장애, 생식 문제	Baverstock and Williams (2006); Cardis et al. (2007)
중금속	산업 폐수, 광산 활동	신경계 손상, 신장 손상, 심혈관 질환	Tchounwou et al. (2012); Jaishankar et al. (2014)
영양염 과잉	농업 유출수, 폐수 배출	독성 해조류 증식, 호흡기 문제	Heisler et al. (2008); Anderson et al. (2012)

지금까지 표층수에 대하여 살폈다면 이제 해양 심층수를 연구해 보아야 할 때이다. 해양 심층수는 표층수보다 미네랄 종류와 함량이 많고 이온 상태가 더 안정적이다. 이는 지구 깊은 바닥에서 오랜 시간 동안 머물며 축적된 미네랄이기 때문이다. 또한 표층수보다 미네랄 농도가 높다.

칼슘, 마그네슘, 칼륨, 나트륨 외에도, 철, 아연, 구리 등의 희귀 미네랄이 풍부하다. 지구 지각과의 상호작용, 저온 및 고압 환경, 생물 분해를 통한 퇴적물이다. 아래의 표층수와 해양심층수를 비교한 표를 보면 그 차이를 분명히 알 수 있다.

표층수와 해양심층수의 비교표 11)-14)

미네랄	표층수	해양 심층수
칼슘(Ca)	중간-변동	높음-안정적
마그네슘(Mg)	중간-변동	높음-안정적
칼륨(K)	중간-변동	높음-안정적
나트륨(Na)	중간-변동	높음-안정적
철(Fe)	변동적	높음-안정적
아연(Zn)	변동적	높음-안정적
구리(Cu)	변동적	높음-안정적
질소(N)	높음-변동	낮음-안정적
인(P)	높음-변동	낮음-안정적

표층수와 해양 심층수는 물리적, 화학적, 생물학적 요인에 의해 미네랄 함량과 종류에 차이가 있다. 해양 심층수는 일반적으로 더 높은 농도의 다양한 미네랄을 포함하고 있으며, 이는 건강에 유익한 미네랄로 사용될 수 있다. 표층수는 생물 활동과 대기와의 상호작용으로 인해 미네랄 함량이 변동될 수 있다. 특히 대한민국 동해의 심층수의 특징을 살펴보면 위 도표와 같다.

결론적으로, 표층수의 오염물질은 해양 생태계뿐만 아니라 인체에도 여러 가지 심각한 건강 문제를 일으킬 수 있다. 이와 달리 해양 심층수는 표층수보다 미네랄 함량이 높고 이온 상태가 더 안정적이다. 이는 지구 깊은 바닥에서 오랜 시간 동안 축적된 미네랄 덕분이며, 칼슘, 마그네슘, 칼륨, 나트륨 외에도 철, 아연, 구리 등의 희귀 미네랄이 풍부하다.

동해 해양심층수

동해 심층수는 대체로 저온(1~5°C)과 고밀도를 유지하며, 이러한 특성은 해양 생태계에 큰 영향을 준다. 동해 심층수는 질소, 인, 규소 등의 영양염이 풍부하여 해양 생태계의 기초 생산성을 지원한다. 심층수는 표층수와 달리 대기 오염 물질이나 인위적인 오염원과 격리되어 있어 매우 청정하다. 15)-16)

동해의 물 흐름은 복잡하고 독특하다. 동해는 대기와의 상호작용이 적은 깊은 해역에서 형성된다. 겨울철 북서풍의 영향으로 표층의 해수가 냉각되고, 밀도가 높아져 심층으로 가라앉는다. 동해의 북부와 중앙부에서 이러한 냉각된 고밀도 해수가 심층수로 형성된다.

동해 심층수는 크게 세 가지 층으로 나뉜다. 표층수는 계절에 따라 변화하며, 여름철에는 따뜻한 물이 북쪽으로, 겨울철에는 차가운 물이 남쪽으로 이동한다. 중층수는 주로 일본해류와 북한해류의 영향을 받는다. 일본해류는 동해 남부에서 북쪽으로 흐르며, 북한해류는 북부에서 남쪽으로 흐른다. 심층수는 해저 지형과 기후 변화의 영향을 받아 순환한다. 심층수는 북부에서 형성되어 남부로 이동한 후, 다시 해류를 통해 북쪽으로 순환하는 패턴을 보다.

동해는 수직 혼합이 활발한 지역으로, 표층수와 심층수 간의 교환이 비교적 빈번하게 일어난다. 이에 영양염과 산소가 깊은 해역까지 공급되며, 해양 생태계의 생산성 유지에 중요한 역할을 한다.

동해의 심층수를 심도 있게 살펴본 것은 세상에서 가장 좋다는 누치마스 소금이 가진 약점을 극복하기 위해서이다. 그 누치마스 소금에는 치명적인 약점이 있기 때문이다. 첫째는 오키나와 미야기 섬 주변의 깨끗한 바다에서 해수를 추출하지만, 표층수이다. 이미 살폈듯이 표층수의 한계는 오염 물질이 많은 것이고, 앞으로 더 오염도가 심해질 가능성이 크다. 둘째는 미네랄이 심층수에 비해 빈약하고 불안정하다.

해양 심층수는 수백 년 혹은 수천 년 전에 만들어져 방사능물질, 미세플라스틱, 중금속 등의 영향권을 벗어난 청정한 물이다. 거기에 다양하고 순도가 높은 이온 미네랄을 활용한 소금을 섭취하면 체수분과 함께 미네랄을 충분하게 섭취할 수 있다. 문제는 그것을 해결할 수 있는 조건과 기술이 있으면 된다.

바닷물이 가진 모든 미네랄을 담은 소금

대한민국에는 동해 해양심층수가 있다. 동해 심층수는 작은 해역에서 형성되며, 바람, 해류, 기후 변화 등에 의해 해수가 밀도가 높아져 심층으로 가라앉는다. 동해는 비교적 폐쇄된 해역으로, 지역적 순환에 국한되어 우리의 체질에 맞는 미네랄이 집약되어 있다. 그리고 누치마스의 미스트 드라이 특허 기술을 받아 소금을 생산할 수 있게 되었다. 이는 누치마스의 소금보다 더 깨끗하고 안전하며 더 풍부하고 다양한 미네랄 소금을 나눌 수 있게 된 것이다.

고성 해양심층수 산업단지는 국가가 운영하는 곳이다. 이곳은 해안으로부터 6km 먼 지점의 수심 605m의 바닷속에서 끌어올려 취수관을 통해 해양심층수를 해당 사업체에 공급한다. 그래서 업체의 부주의가 아니라면 해양 오염에서 벗어난다. 해양심층수는 그 물이 만들어진 시대가 수백 년 혹은 수천 전에 만들어진 물이다. 그래서 오늘날 우리가 걱정하는 방사능, 미세플라스틱, 중금속 등의 피해가 없다. 거기에 누치마스의 미스트 드라이 특허 기술을 ㈜ 오씨아드가 받아 소금을 생산하고, 쏠트 앤 피플이 판매한다. 이 소금은 지금까지 소금이 가진 모든 문제를 해결한 것으로 다섯 가지의 특징이 있다.

첫째, 해양 오염 걱정이 전혀 없는 소금이다. 연안으로부터 6km, 수심 605m, 100% 청정 해양심층수를 취수, 표층수의 오염에서 벗어난 청정소금이다.

둘째, 미세플라스틱 걱정 없는 소금이다. 청정 해양심층수와 공기를 외부 오염과 차단된 공간에서 마이크로 필터로 필터링한 후, 만든 소금이다.

셋째, 미네랄이 살아있는 소금이다. 바닷물에 있는 모든 미네랄이 포함된 해양심층수를 순간공중제염기술을 적용하여 만든 미네랄 복합체 소금이다.

넷째, 미네랄은 살리고 쓴맛을 줄인 소금이다. 천일염은 소금의 쓴맛을 없애기 위해 마그네슘을 뺀다. 이렇게 간수를 빼는 과정에서 미네랄 대부분을 함께 잃지만, 이 소금은 특수한 기술로 쓴맛을 줄였다. 이 소금이 지닌 비교할 수 없는 미네랄 함량은 아래와 같다.

시판 소금과 쏠트 앤 피플의 미네랄 비교

소금 종류	염소(%)	나트륨(%)	기타 미네랄
천일염(Sea Salt)	55.0	38.3	6.7
게랑드(Sel Gril)	55.0	38.3	6.7
죽염(Bamboo Salt)	60.0	37.0	2.1
암염(Rock Salt)	60.0	39.0	1.0
핑크 소금(Pink Salt)	60.0	39.1	0.9
정제염(Refined Salt)	60.0	39.3	0.7
Salt & People	46.8	29.6	23.5

기타 미네랄 비교

분류	시판 소금 평균	쏠트 앤 피플	비교
마그네슘(Mg)	10mg	3,893mg	389.3 배
칼륨(Ca)	30mg	988mg	32.9 배
칼슘(K)	20mg	992mg	49.6 배

다섯째, 부드러운 짠맛을 간직한 소금이다. 우리는 그동안 염화나트륨이 주는 깔끔한 짠맛에 길들었다. 그러나 이 소금은 맛이 좀 다르다. 함량 높고 다양한 미네랄이 들어 있어 부드러운 짠맛, 감칠맛을 간직한 소금이다.

소금 제조과정에서 간수를 빼며 마그네슘을 비롯한 다수의 미네랄과 다량의 미네랄을 잃어버린다. 그 대표적인 마그네슘의 인체 안에서의 생리와 부족하여 발생하는 질병은 아래와 같다.

마그네슘의 체내 역할

마그네슘은 인체에서 매우 중요한 다기능 미네랄로 약 300여 가지 효소 반응에 관여하며 다양한 생리적 기능을 수행한다. 그 역할을 구체적으로 살펴보면 다음과 같다.

에너지 생산과 대사에서 마그네슘은 ATP(아데노신 삼인산)의 안정화와 활용에 필수적이다. ATP는 세포 내에서 에너지를 저장하고 전달하는 분자로, ATP가 활성화되기 위해서는 마그네슘이 결합해야 한다. 따라서, 마그네슘은 세포의 에너지 대사와 전반적인 에너지 생산에 핵심적이다.

마그네슘은 단백질 합성 과정에서 리보솜 기능을 조절한다. 리보솜은 단백질을 합성하는 세포 내 구조로, 이 과정에서 마그네슘이 필수적으로 작용하여 아미노산이 올바르게 결합하고 단백질이 생성될 수 있도록 돕는다.

DNA와 RNA의 안정성 유지에 마그네슘은 DNA와 RNA의 구조적 안정성을 유지하는 데 중요한 역할을 한다. 특히, 뉴클레오타이드 간의 결합을 촉진하고, DNA 복제와 전사 과정에서 효소의 기능을 조절한다.

마그네슘은 신경전달과 근육 수축을 조절하는 데 필수적이다. 마그네슘은 신경세포에서 칼슘의 이동을 조절하여 신경 자극이 과도해지는 것을 막아준다. 이에 따라 신경과 근육의 정상적인 기능이 유지된다. 근육 이완에도 관여하여 경련이나 경직을 예방한다.

마그네슘은 혈압 조절과 심장 박동 유지에 관여한다. 마그네슘은 혈관 평활근을 이완시켜 혈압을 낮추고, 심장 박동을 안정적으로 유지한다. 또한, 칼륨과 나트륨의 균형을 조절하여 부정맥을 예방하는 데 중요한 역할을 한다.

마그네슘은 뼈 건강에 중요한 미네랄로, 칼슘 대사와 밀접한 관련이 있다. 마그네슘은 비타민 D를 활성화하여 칼슘 흡수를 돕고, 뼈의 무기질 밀도를 유지하여 골다공증을 예방하는 데 기여한다.

마그네슘은 인슐린 수용체의 기능을 향상하여 혈당 조절에 관여한다. 인슐린 저항성을 감소시켜 제2형 당뇨병을 예방하는 역할을 한다.

마그네슘은 항산화 작용을 촉진하여 산화 스트레스를 줄이고 염증 반응을 조절한다. 이는 심혈관 질환, 대사성 질환 등 다양한 만성 질환의 예방을 돕는다. 17)-18)

마그네슘 부족이 만드는 질병

마그네슘은 근육 수축과 이완 과정에서 중요한 역할을 한다. 마그네슘이 부족하면 근육세포 내 칼슘 조절이 어려워지면서 과도한 근육 수축이 유발되고 근육 경련, 떨림, 경련성 질환이 발생할 수 있다. 마그네슘은 칼슘 채널을 조절하여 세포 내 칼슘의 과도한 유입을 억제한다. 마그네슘이 부족하면 칼슘의 농도가 과도하게 높아져 근육이 이완되지 못하고 지속적인 수축 상태에 머물러 경련이 발생한다.

마그네슘은 심장 근육의 기능 유지에도 필수적이다. 심장 리듬 조절과 혈관의 이완에도 관여하기 때문에, 마그네슘 결핍은 고혈압, 부정맥, 심혈관 질환의 위험을 높이다. 마그네슘은 심장 세포 내에서 칼륨과 나트륨의 균형을 유지하여 정상적인 심박수를 유지한다. 또한, 혈관의 평활근을 이완시켜 혈압을 조절한다. 부족 시 이러한 조절 기능이 저하되어 심혈관계 문제를 초래할 수 있다.

마그네슘은 뇌의 신경전달물질 조절에도 중요한 역할을 하며 특히 글루타메이트와 같은 흥분성 신경전달물질의 과다 활성화를 억제한다. 부족하면 불안, 우울증, 불면증 등의 증상이 나타날 수 있다.

마그네슘은 뼈의 구조 형성과 유지에 중요한 미네랄이다. 마그네슘이 결핍되면 뼈의 무기질 밀도가 낮아져 골다공증 위험이 증가한다. 마그네슘은 칼슘 대사에 관여하여 뼈 형성을 촉진한다. 또한, 비타민 D 활성화와 칼슘 흡수를 돕는다. 마그네슘이 부족하면 이러한 과정이 방해받아 골밀도가 감소하게 된다.

마그네슘은 인슐린 민감성 조절에도 중요한 역할을 한다. 마그네슘이 부족하면 인슐린 저항성이 증가하여 제2형 당뇨병의 위험이 높아질 수 있다. 마그네슘은 인슐린 수용체와 결합하여 인슐린 작용을 촉진한다. 결핍 시 인슐린 신호전달이 저하되어 혈당 조절에 문제가 생기고 당뇨병 발병 위험이 증가한다. 19)-20)

이렇듯 미네랄의 부족은 각종 인체의 부조화와 질병을 부른다. 그래서 많은 현대인이 즐겨 합성 비타민과 미네랄 제품과 보조제로 사용한다. 하지만 이것에도 함정이 있다. 『The Complete Guide to Natural Vitamins』라는 책에서 합성 미네랄과 천연미네랄 복합체의 차이점을 다음과 같이 설명하고 있다.

천연미네랄은 일반적으로 생체이용률이 높다. 즉, 신체가 이러한 미네랄을 더 쉽게 흡수하고 활용할 수 있다. 이는 천연미네랄이 흡수를 돕는 자연적인 보조 인자와 다른 생리활성 화합물을 포함하고 있기 때문이다. 반면에 합성 미네랄은 이러한 보조 인자가 부족하여 신체에 덜 효율적이다.

천연 보충제는 필수 영양소, 비타민, 미네랄, 생리활성 화합물이 풍부하여 서로 시너지 효과를 발휘한다. 예를 들어, 천연 형태의 마그네슘과 아연은 다른 영양소 및 효소와 상호작용하여 에너지 생산과 세포 기능을 더 효과적으로 지원하며, 합성 보충제에서는 부족하다.

합성 보충제를 먹을 경우, 독성 축적을 일으키거나 신체의 자연적 과정을 방해할 수 있다. 천연미네랄은 이러한 문제를 일으킬 가능성이 작다.

연구에 따르면, 신체는 천연미네랄에 더 잘 반응할 수 있다. 이는 천연미네랄이 생체이용률이 높고 흡수를 돕는 보조 인자를 포함하고 있기 때문이다. 21)

인체는 60조의 세포로 이루어져 있고, 세포 내외는 약 70%의 염수로 가득하다. 세포는 세포막을 경계로 외부와 구분되어 있으며, 세포막 필터를 통해 생존에 필요한 영양분을 공급받고 대사산물을 배출한다. 19세기 중반부터 과학자들은 물 분자와 이온들이 세포막을 통해 이동할 것으로 추측해 왔다. 이 책을 마무리하면서 문득 사이언스온에서 읽었던 글이 생각났다.

2003년 노벨상 시상식에서는 기억에 남을 순간이 있었다. 노벨위원회는 참석자들에게 5초 동안 생각해보라고 요청했다. 잠시 정적이 흐르고 참석자들이 의아해할 즈음, 위원회는 이렇게 말했다. "방금 여러분이 경험한 그 순간이 바로 올해 노벨 화학상의 이유입니다."

짧은 그 순간 동안 우리의 뇌에서는 나트륨, 칼륨, 염화이온들이 신경 세포막을 넘나들며 신경 신호를 활성화한다. 동시에 신장은 소변에서 물을 재흡수하여 혈액으로 돌려보낸다. 이처럼 이온과 물의 움직임이 우리의 사고를 깨우는 원동력이다.

우리의 뇌가 작동하기 위해, 세포 내외에서 물과 이온이 어떻게 이동하는지를 밝혀낸 두 과학자가 있다. 바로 미국 존스홉킨스대학교의 생화학 교수인 피터 아그리(Peter Agre)와 록펠러대학교의 생화학 교수인 로더릭 매키넌(Roderick MacKinnon)이다. 피터 아그리 교수는 적혈구 세포에서 '아쿠아포린(Aquaporin)'이라는 막 단백질을 발견했는데, 이는 100년 동안 과학자들이 찾아 헤매던 '물 통로'였다. 아쿠아포린은 다른 물질은 차단하고 오직 물 분자만을 선택적으로 통과시켜 인간 생명 활동에 중요한 역할을 한다.

피터 아그리와 함께 2003년 노벨 화학상을 받은 로더릭 매키넌 교수 또한 세포막에서 이온이 이동하는 방식을 밝혀내며 이온 통로의 구조와 메커니즘을 규명했다. 우리의 생각, 감정, 행동이 결국 이 작은 이온과 물 통로에서 비롯된다는 사실은 놀라운 일이다. 22)

이 책의 첫 장에서는 물이 인체에서 하는 놀라운 역할에 주목했다. 또한 체수분 부족으로 발생하는 다양한 느낌, 증상, 염증, 통증이 탈수에서 비롯된다는 사실을 환기하였다. 물과 소금이 짝을 이루어 작용하는 원리를 이해하면서, 이들이 생명의 신비를 어떻게 이루는지 살펴보았다. 그 신비의 기반에는 미네랄의 세계가 있었고, 그 미네랄을 온전하고 오염되지 않은 해양심층수에서 만날 수 있었다. 이 귀한 자원을 활용하는 데는 지혜가 필요하다.

지혜는 실패라는 상처를 통해 얻어지는 경우가 많다. 우리 인간의 실수로 지구촌 토양에서 미네랄 대부분을 잃어버렸다. 그리고 해양에서 그 미네랄 보고를 찾아냈다. 하지만 해양 오염이란 아픔을 통해 해양심층수의 중요함을 재발견하였다. 지혜는 나무와 같아서 뿌리부터 건강하지 않으면 쉽게 쓰러진다는 생각으로 물과 미네랄에 대한 소중한 지식을 나누었다. 이 지식이 지혜가 되어 인류의 건강과 행복을 이루기를 소원한다.

에필로그

한 꿈을 꾸었다. 박제된 새끼 호랑이가 말없이 벽에 걸려 있었다. 응시하는 눈빛을 의식하였는지 코가 미동하였다. 착각인가 싶어 다시 집중하였다. 그러자 새끼 호랑이 코에 촉촉하게 습기가 감돌았다. 코의 경미한 움직임을 시작으로 얼굴에 생기가 퍼져나갔다. 그것을 기점으로 박제된 새끼 호랑이가 살아 움직이더니 큰 호랑이로 변신하여 내게로 다가왔다.

이 꿈이 무엇을 의미할까? 새끼호랑이 코에 돌아온 습기를 기억하며, 말라 박제된 내 몸에 수분을 공급하자 되살아났던 생각이 떠올랐다. 바로 그 순간, 이 책을 쓰기 시작하였다. 이 시도는 미약하나 많은 사람이 탈수를 극복하고 건강을 회복하여 대호처럼 활력 넘치는 삶을 살게 되기를 소원한다.

이 책은 작은 시작일지 모르나, 그 안에 담긴 희망과 생명력은 크다. 물 한 방울이 메마른 대지를 적시듯, 우리의 삶에 생기를 불어 넣기를 바란다. 우리의 몸과 마음이 다시 살아나 큰 호랑이처럼 힘차게 뛰어오를 수 있기를 꿈꾸며, 이 글이 여러분의 건강과 행복에 작은 이바지할 수 있기를 진심으로 기원한다.

참고문헌 활용법

참고 문헌은 독자가 더 깊이 있는 지식과 정보를 얻을 수 있도록 도와주는 중요한 자료로 참고 문헌을 효과적으로 활용하는 방법은 다음과 같다.

참고 문헌 목록을 통해 사용된 출처의 신뢰성을 확인한다. 저명한 학술지, 책, 공식 보고서 등을 참고하면 정보의 신뢰도를 높일 수 있다.

특정 주제에 대해 더 많은 정보를 얻고 싶다면 참고 문헌에 언급된 원문을 읽는다. 이를 통해 더 깊이 있는 이해와 추가적인 정보를 얻을 수 있다.

참고 문헌을 활용하여 관련 연구를 찾는다. 같은 주제에 관한 다른 연구를 통해 다양한 관점을 이해하고 더 넓은 지식을 쌓을 수 있다.

논문이나 보고서를 작성할 때 참고 문헌을 인용하여 자신의 주장을 뒷받침한다. 이는 논문의 신뢰성을 높이고, 독자에게 더 많은 자료를 제공하는 데 도움이 된다.

참고 문헌을 통해 새로운 연구 주제를 발견할 수 있다. 관심 있는 주제와 관련된 다른 연구를 찾아보면서 연구 범위를 확장한다,

참고 문헌을 읽을 때 비판적으로 접근한다. 저자의 주장과 연구 방법론, 결론 등을 검토하고, 다른 연구와 비교하여 신뢰성과 타당성을 평가한다.

참고 문헌

1장 물이라고 쓰고 생명이라 생각한다

1) "The Water Prescription: For Health, Vitality, and Rejuvenation" by Christopher Vasey 물의 건강 효과와 일상생활에서의 활용 방법에 관해 설명한다.
2) "Your Body's Many Cries for Water" by F. Batmanghelidj 물이 인체 건강에 미치는 다양한 영향을 다루며, 만성 탈수의 위험성에 관해 설명한다.
3) "Water: For Health, for Healing, for Life" by F. Batmanghelidj 물의 치유 효과와 건강을 유지하는 방법을 제시한다.
4) "Hydration and Health: A Review" by Barry M. Popkin, Kristen E. D'Anci, and Irwin H. Rosenberg 저널: "Nutrition Reviews", 2010 내용: 수분 섭취와 건강의 관계를 포괄적으로 검토한 논문이다.
5) "Water, Hydration and Health" by Lawrence E. Armstrong 저널: "Nutrition Reviews", 2005 내용: 수분이 신체 기능과 건강에 미치는 영향을 분석한 논문이다.
6) "Water Intake, Water Balance, and the Elusive Daily Water Requirement" by Heinz Valtin 저널: "Nutrition Today", 2002 일일 물 섭취 권장량과 체내 물 균형에 관한 논문이다.
7) "Water: The Epic Struggle for Wealth, Power, and Civilization" by Steven Solomon 내용: 물의 역사적 중요성과 사회적 영향을 다룬다.
8) "Your Body's Many Cries for Water" by F. Batmanghelidj 물이 인체 건강에 미치는 다양한 영향을 설명한다.

9) "The Water Prescription: For Health, Vitality, and Rejuvenation" by Christopher Vasey 내용: 물의 건강 효과와 일상생활에서의 활용 방법에 관해 설명한다.

10) "Hydration and Health: A Review" by Barry M. Popkin, Kristen E. D'Anci, and Irwin H. Rosenberg 저널: "Nutrition Reviews", 2010 내용: 수분 섭취와 건강의 관계를 포괄적으로 검토한 논문이다.

11) "Water, Hydration and Health" by Lawrence E. Armstrong 저널: "Nutrition Reviews", 2005 내용: 수분이 신체 기능과 건강에 미치는 영향을 분석한 논문이다.

12) "Water Intake, Water Balance, and the Elusive Daily Water Requirement" by Heinz Valtin 저널: "Nutrition Today", 2002 내용: 일일 물 섭취 권장량과 체내 물 균형에 관한 논문이다.

13) "The Effect of Ingested Cold and Warm Beverages on Core Temperature and Performance" by Angela M. Derman and colleagues. Journal of Clinical Endocrinology and Metabolism에 실린 "섭취된 차가운 음료와 따뜻한 음료가 중심 체온과 운동 성능에 미치는 영향"에 관한 논문이다.

14) "Alcohol and Hormones: What's the Connection?" by John C. Umhau 저널: Verywell Mind 알코올이 호르몬 시스템에 미치는 영향을 다룬다.

15) Caffeine: How Caffeine Created the Modern World. by Murray Carpenter 이 책은 커피와 카페인이 현대사회에 미친 영향을 다뤘다.

16) "Caffeine in Food and Dietary Supplements: Examining Safety" 연구기관: National Academies of Sciences, Engineering, and Medicine의 다양한 전문가 그룹이 참여한 워크숍 결과물. 이 논문은 카페인의 안전성을 다양한 측면을 분석하였다.

17) "Effects of Chronic Caffeine Consumption on Synaptic Function" by Cátia R. Lope다수의 공동 저자의 논문. 이 논문은 카페인이 뇌의 시냅스 기능과 아데노신 조절에 미치는 영향을 조사하였다.

18) "Why Zebras Don't Get Ulcers" by Robert M. Sapolsky 이 책은 스트레스가 신경계와 내분비계에 미치는 영향을 포괄적으로 설명한다. 스트레스 반응의 생물학적 메커니즘과 이를 통해 발생하는 건강 문제를 다루

고 있다.

19) "The End of Stress As We Know It" by Bruce McEwen 이 책은 스트레스가 신경계와 내분비계에 미치는 영향을 설명하며, 생활에서 스트레스를 관리하는 방법을 제시한다.

20) "The Relaxation Response" by Herbert Benson 이 책은 스트레스 관리 기술을 통해 신경계와 내분비계를 어떻게 안정시킬 수 있는지 설명한다.

21) "Your Body's Many Cries for Water" by F. Batmanghelidj 이 책은 물이 인체 건강에 미치는 다양한 영향을 다루며, 탈수의 위험성을 강조한다.

22) "The Water Prescription: For Health, Vitality, and Rejuvenation" by Christopher Vasey 이 책은 물의 건강 효과와 일상생활에서의 활용 방법을 설명한다.

23) "Waterlogged: The Serious Problem of Overhydration in Endurance Sports" by Timothy Noakes 이 책은 과도한 수분 섭취와 탈수의 문제를 분석하고, 운동 중 적절한 수분 섭취 방법을 제시한다.

24) "Hydration and Health: A Review" by Barry M. Popkin, Kristen E. D'Anci, and Irwin H. Rosenberg 저널: "Nutrition Reviews", 2010 이 논문은 수분 섭취와 건강의 관계를 포괄적으로 검토한 논문이다.

25) "Caffeine ingestion and fluid balance: a review" by L.M. Armstrong 저널: "Journal of Human Nutrition and Dietetics" 2002 이 논문은 카페인 섭취가 체수분 균형에 미치는 영향을 분석한 연구 논문이다.

26) "Alcohol and Hydration: A Review" by Ron Maughan 저널: "Nutrients", 2012 이 논문은 알코올 섭취가 체내 수분 균형과 건강에 미치는 영향을 다룬 논문이다.

27) "Stress, cortisol, and other appetite-related hormones: Prospective prediction of 6-month changes in food cravings and weight" by Elissa S. Epel 저널: "Obesity", 2001 이이 논문은 스트레스가 체내 호르몬과 수분 균형에 미치는 영향을 연구한 것이다.

28) "Guyton and Hall Textbook of Medical Physiology" by John E. Hall 이 교과서는 인체 생리학의 전반적인 내용을 다루며, 체액의 구성과 기능을 상세히 설명한다.

29) "Human Physiology: An Integrated Approach" by Dee Unglaub Silverthorn 이 교과서는 인체 생리학을 통합적으로 접근하며, 체액의 역할과 중요성을 다룬다.

30) "The composition and function of cerebrospinal fluid in maintaining central nervous system homeostasis" by G.A. Johanson et al. 저널: "Journal of Neuroscience Research", 2008 뇌척수액의 구성과 기능, 중추신경계의 항상성 유지에 대한 논문이다.

31) "Lymphatic system: A vital link between immunity and metabolism" by S.M. Randolph et al. 저널: "Science", 2017 림프계의 면역 반응과 대사 과정에서의 역할을 다룬 논문이다.

32) "Plasma: Composition and Functions" by R.A. Weinberg 저널: "Annual Review of Physiology", 2010 혈장의 구성 성분과 생리적 기능을 분석한 연구 논문이다.

33) "Your Body's Many Cries for Water" by F. Batmanghelidj 이 책은 물이 인체 건강에 미치는 다양한 영향을 다루며, 탈수의 위험성을 강조한다.

34) "The Water Prescription: For Health, Vitality, and Rejuvenation" by Christopher Vasey 이 책은 물의 건강 효과와 일상생활에서의 활용 방법을 설명한다.

35) "Nutrition and Physical Activity: Fueling the Active Woman" by Judy A. Driskell 이 책은 영양과 신체 활동이 여성의 건강에 미치는 영향을 다룬다.

36) "Hydration and Health: A Review" by Barry M. Popkin, Kristen E. D'Anci, and Irwin H. Rosenberg 저널: "Nutrition Reviews", 2010 수분 섭취와 건강의 관계를 포괄적으로 검토한 논문이다.

37) "Effects of hydration on cognitive function and mood" by D'Anci KE, Constant F, Rosenberg IH 저널: "Nutrition Reviews", 2006 수분 섭취가 인지기능과 기분에 미치는 영향을 연구한 논문이다.

38) "Stress management techniques: evidence-based procedures that reduce stress and promote health" by Judith S. Gordon, Douglas A. Heath 저널: "Journal of Health Education Research & Development", 2015 스

트레스 관리 기술이 건강에 미치는 영향을 다룬 논문이다.

39) "Sick, You're Thirsty!" by F. Batmanghelidj 내용: 물의 건강 효과와 수분 섭취의 중요성을 다룬다.

40) "Nutrition and Physical Degeneration" by Weston A. Price 이 책은 전통 식단과 현대 식단의 차이를 비교하며, 수분 섭취의 중요성을 강조한다.

41) "Nutrition: Concepts and Controversies" by Frances Sizer and Ellie Whitney 이 책은 영양학의 기본 개념과 수분 섭취 권장량을 설명한다.

42) "Dietary reference intakes for water, potassium, sodium, chloride, and sulfate" by the Institute of Medicine 저널: "National Academies Press", 2004 이 보고서는 미국과 캐나다의 건강한 사람들을 대상으로 하는 영양 섭취량 권장치를 제시한다. 물, 칼륨, 나트륨, 염소, 황산염의 섭취량을 구체적으로 다루고 있으며, 건강 유지와 만성 질환 위험 감소를 목표로 한다.

43) "Fluid replacement and exercise performance" by M. N. Sawka et al. 저널: "Medicine & Science in Sports & Exercise", 2007 운동 중 수분 섭취와 운동 수행 능력의 관계를 연구한 논문이다.

44) "Hydration for Health" by Ron Maughan and Susan Shirreffs 저널: "Nutrition Reviews", 2010 수분 섭취와 건강의 상관관계를 다룬 종합 리뷰 논문이다.이 책은 탈수의 위험성과 물의 중요성을 다룬 도서.

45) "Waterlogged: The Serious Problem of Overhydration in Endurance Sports" by Timothy Noakes 과도한 수분 섭취와 탈수의 문제를 분석하고, 운동 중 적절한 수분 섭취 방법을 제시한다.

46) "Nutrition and Hydration: A Practical Manual for Nurses" by Shirley Rose and Caroline Waters 이 책은 영양과 수분 섭취의 중요성을 다루며, 실용적인 관리 방법을 제시한다.

47) "Water: For Health, for Healing, for Life: You're Not Sick, You're Thirsty!" by F. Batmanghelidj 이 책은 수분 섭취와 건강에 대한 종합적인 설명.

48) "Dehydration: evaluation and management in older adults" by Morley JE 저널: "Journal of the American Medical Directors Association", 2015 노인에서 탈수의 평가 및 관리 방법을 다룬 논문.

49) "Hyponatremia: Evaluation and Management" by Mohan S, Gu S, Parikh A 저널: "American Family Physician", 2013 과수분증과 관련된 저나트륨혈증의 평가 및 관리 방법을 다룬 논문.

50) "Fluid intake, hydration, and cognitive performance in healthy older adults" by Benton D, Young HA 저널: "Nutrition Reviews", 2015 수분 섭취와 노인의 인지기능에 관한 연구 논문.

51) "The Drinking Water Book: How to Eliminate Harmful Toxins from Your Water" by Colin Ingram 내용: 다양한 물의 종류와 정수 방법에 관해 설명한 책이다.

52) "Water: For Health, for Healing, for Life: You're Not Sick, You're Thirsty!" by F. Batmanghelidj 물의 중요성과 수분 섭취의 중요성을 강조한 책이다.

53) "Bottled water versus tap water: understanding consumers' preferences" by S. Doria 저널: "Journal of Water and Health", 2006 소비자들이 생수와 수돗물 중 어떤 것을 선호하는지에 관한 논문.

54) "Mineral composition of bottled waters available in New York" by M. C. Queiroz, P. L. Bachour 저널: "Journal of Food Composition and Analysis", 2012 뉴욕에서 판매되는 병입 미네랄 워터의 미네랄 구성 분석.

55) "Assessment of drinking water quality and potential health risks in commercial bottled waters in Nigeria" by A. A. Olajire, S. O. Imeokparia 저널: "Environmental Monitoring and Assessment" 나이지리아에서 판매되는 병입 생수의 수질 평가와 건강 위험 분석한 논문.

56) "Gastrointestinal Physiology" by Leonard R. Johnson: 이 책은 소화기관의 기능과 생리, 특히 위장 온도와 관련된 다양한 요인을 다룬다.

57) "The Effect of Ingested Cold and Warm Beverages on Core Temperature and Performance" by Angela M. Derman and colleagues. Journal of Clinical Endocrinology and Metabolism에 실린 "섭취된 차가운 음료와 따뜻한 음료가 중심 체온과 운동 성능에 미치는 영향"에 관한 논문이다.

2장 탈수라고 쓰고 아픔으로 느낀다

1) "Acute and Chronic Effects of Hydration Status on Health" by Lawrence E. Armstrong, Douglas J. Casa, Ronald W. Hubbard, Charles M. Maresh, W. Larry Kenney 저널 Nutrition Reviews 이 논문은 탈수는 피로, 신체적 성능 저하, 인지기능 저하 등을 초래할 수 있으며, 적절한 수분 공급이 이러한 문제를 완화할 수 있음을 강조한다.

2) "Water, Hydration, and Health" by Popkin, D'Anci, Rosenberg 수분 부족은 ATP 생산 감소로 인해 세포 에너지 수준이 낮아져 나른함과 피로를 유발한다. 수분은 신경전달물질 합성과 전달에 필수적이며, 부족 시 집중력 저하와 무기력감을 초래한다.

3) "Dehydration Headache: Dehydration Symptoms & Types of Headaches" by Cleveland Clinic 저널: Cleveland Clinic Health Library 탈수로 인한 머리가 무거워지는 원인과 관리 방법을 설명한다.

4) "Short Sleep Duration Is Associated with Inadequate Hydration: Cross-Cultural Evidence from U.S. and Chinese Adults" by Asher Y. Rosinger et al. (2019): 이 연구는 수면 시간이 짧은 경우 탈수 상태에 있을 가능성이 크다는 것을 발견했다. 소변 샘플을 통해 참가자들의 수분 상태를 평가하고, 수면 시간과의 관계를 분석하였다.

5) "Sleep Health & Wellness: Best Practices for Good Sleep" by Nicola Magnavita, Sergio Garbarino 수면의 중요성, 수면의 질, 수면 장애, 특정 인구를 위한 전략 등을 통해 건강을 유지하는 방법에 대해 다룬다.

6) "Is Whole-Body Hydration an Important Consideration in Dry Eye?" by Neil P. Walsh외 6명의 공동논문 저널: Investigative Ophthalmology & Visual Science 이 연구는 신체 전체의 수분 상태가 안구 건조증과 어떻게 연관되어 있는지 조사하였다. 연구 결과, 전신 탈수가 눈물 분비를 감소시키고 눈의 건조함을 유발할 수 있음을 확인했다.

7) "Saliva and Oral Health" by A.J. Tenovuo 타액에 관한 전반적인 것을 다룬 책이다.

8) "Management of Dehydration in Patients" by MDPI: 이 연구는 탈수가 호

흡기와 순환기 시스템에 미치는 영향을 조사한다. 탈수는 혈액의 점도를 높여 순환 장애를 유발하고, 이는 산소 공급 부족과 호흡 곤란으로 이어질 수 있다.

9) "How To Tell If You Are Hungry Or Dehydrated According to Scientists" by MiNDFOOD Editorial Team 저널: MiNDFOOD

10) "Why Am I Craving Soda? [And What to Do? Explained!]" by Simply Called Food Editorial Team 저널: Simply Called Food

11) "Dehydration and Anxiety: Understanding the Connection" by MiND-FOOD Editorial Team 저널: MiNDFOOD 탈수와 불안 간의 관계를 설명하며, 탈수가 신체와 정신에 미치는 다양한 영향을 다룬다.

12) "Relationship between Hydration Status and Muscle Catabolism in the Aged Population: A Cross-Sectional Study" by Mateu Serra-Prat외 5명의 공동 논문 저널: Nutrients

13) "Dehydration and Anxiety: How to Boost Your Mood with Water" 는 UCHealth 패밀리 메디슨의 공인 심리학자인 Kristin Orlowski가 저술한 기사로, The Healthy 웹사이트에 실렸다. 이 연구는 물 섭취가 부족한 사람이 그렇지 않은 사람에 비해 더 높은 수준의 불안과 우울증을 보고했음을 보여준다. 물 섭취를 늘리면 기분이 좋아지고, 섭취를 줄이면 긴장감이 증가하는 경향이 있다.

14) "Hydration effects on cognitive performance during military tasks in temperate and cold environments" byJohn W. Castellani, Harris R. Lieberman, Michael N. Sawka가 저술한 논문으로, 2008년 "Physiology & Behavior" 저널에 게재되었다.

15) "Effects of Hydration Status on Cognitive Performance and Mood" by C. J. Edmonds, R. Crombie, & M. R. Gardner 저널: British Journal of Nutrition. 2014

16) "Itchy skin (pruritus): Symptoms and causes" by Mayo Clinic Staff가 저술하고 Mayo Clinic 웹사이트에 게재된 기사.

17) "Vaginal Dryness: Causes, Symptoms & Treatment". by Cleveland Clinic Staff가 저술하고 웹사이트: Mayo Clinic 2022. 탈수와 질 건조의 생

리 논문.

18) "Hydration Status and Cardiovascular Function" by Joseph C. Watso and William B. Farquhar

19) "All About That Mucus: How it keeps us healthy". by Zheng, J.. Science in the News, Harvard University, 2018.

20) "Corns and Calluses - Symptoms and Causes" by Mayo Clinic Staff, 웹사이트 : Mayo Clinic

21) "The Alzheimer's Prevention & Treatment Diet" by Richard S. Isaacson & Christopher N. Ochner

22) "The End of Alzheimer's: The First Program to Prevent and Reverse Cognitive Decline" by Dale Bredesen의 책 "알츠하이머의 종말"은 알츠하이머을 예방하고 되돌리기 위한 포괄적인 접근법을 제시한다. 알츠하이머는 단일 질병이 아니라 세 가지 서로 다른 하위 유형이라는 주장을 펼친다. 미량 영양소, 호르몬 수치, 수면 등 인지 저하에 기여하는 36가지 대사 요인을 다룬다. 치료는 영양 보충, 식이 변화, 개선된 수면 및 구강 위생과 같은 생활 방식의 변화를 강조한다.

23) "Beta-Amyloid and Tau Pathology in Alzheimer's Disease" by John Q. Trojanowski 이 논문은 알츠하이머병(AD)에서 베타-아밀로이드(Aβ)와 타우 단백질의 병리적 역할을 다룬다. 이들 단백질은 질병의 진행과 발현에 중심적인 역할을 한다.

24) "The Brain That Changes Itself" by Norman Doidge Norman Doidge의 "두뇌는 스스로 변한다"는 신경가소성이라는 혁신적인 개념 탐구이다. 이는 두뇌가 새로운 경험, 학습, 손상에 대응하여 변화하고 적응할 수 있는 능력을 말한다. 이 책은 두뇌가 스스로 재구성할 수 있다는 것을 보여주는 흥미로운 이야기와 과학적 증거를 제공하며, 이전에 영구적이라고 여겨졌던 다양한 상태에서 회복할 수 있는 희망을 제공한다.

25) "The Secret Life of the Mind" by Mariano Sigman "마음의 비밀스러운 삶"은 우리의 두뇌가 어떻게 생각하고, 느끼고, 결정하는지를 탐구하는 흥미로운 책이다. 저명한 신경과학자인 시그만은 우리의 사고의 기원, 의사 결정 과정, 무의식의 역할, 그리고 꿈을 조작할 수 있는 가능성에 대한 오래된 질문들을 다룬다.

26) "Neurogenesis in the adult human hippocampus" - Spalding, Kirsty L., et al., Cell, 2013. Kirsty L. Spalding과 동료들의 논문은 "성인 인간의 해마에서 신경 생성"이 일어난다는 것을 입증한다. 탄소-14 연대 측정 기법을 사용하여 연구자들은 성인기 동안 새로운 뉴런이 생성된다는 사실을 발견했다.

27) "Hippocampal neurogenesis in adult humans" - Boldrini, Maura, et al., Cell Stem Cell, 2018. Maura Boldrini와 동료들이 2018년 "Cell Stem Cell"에 발표한 이 논문은 성인 인간 해마에서 신경 생성이 지속된다는 것을 조사하였다. 이 연구는 어린 시절 이후 신경 생성이 멈춘다는 이전의 발견과 대조된다. Boldrini의 팀은 고급 염색 기법과 입체측정을 사용하여 14세에서 79세 사이의 개인의 사후 뇌 조직을 분석한 결과, 성인기 동안 새로운 뉴런이 계속 생성된다는 증거를 발견하였다.

28) "Nutritional factors and hair loss" 는 Ralph M. Treb가 저술하고 2002년 "Clinical and Experimental Dermatology" 저널에 게재된 논문이다.

29) "An Updated Etiology of Hair Loss" 는 Nicholas Sadgrove, Sanjay Batra, David Barreto, Jeffrey Rapaport가 저술하였으며, 2023년 "Cosmetics" 저널에 게재된 논문이다.

30) "Coughing Can Be Modulated by the Hydration Status in Adolescents with Asthma" by Alessandro Zanasi & Roberto Walter Dal Negro 저널 : Children 2022. 천식이 있는 청소년에서 탈수가 기침 빈도와 지속 시간에 미치는 영향을 조사했다. 결과적으로 탈수 상태가 기침의 빈도와 지속 시간을 증가시키는 것으로 나타났으며, 적절한 수분 섭취가 천식 환자의 기침 관리에 중요하다고 결론지었다.

31) "The Role of Histamine and Histamine Receptors in Mast Cell-Mediated Allergy and Inflammation: The Hunt for New Therapeutic Targets" by Masaki Gantner, Shigeru Tanaka, and Hideaki Nagai 이 논문은 히스타민 수용체(H1, H2, H3, H4)가 알레르기 반응과 염증에서 어떻게 작용하는지를 설명한다. 히스타민은 다양한 염증 매개체를 방출하여 기관지 평활근 수축, 혈관 투과성 증가, 점액 분비 촉진 등의 역할을 한다.

32) "The Role of Histamine in the Pathophysiology of Asthma and the Clinical Efficacy of Antihistamines in Asthma Therapy" by Kohei Yamauchi

and Masahito Ogasawara: 이 논문은 히스타민이 비만 세포에서 방출되어 기관지 평활근 수축, 점액 분비 증가, 기관지 점막 부종 등을 통해 천식을 유발하는 메커니즘을 설명한다.

33) Mayo Clinic Staff. "Anaphylaxis: Symptoms and Causes." Mayo Clinic, Mayo Foundation for Medical Education and Research, 2 July 2022, www.mayoclinic.org/diseases-conditions/anaphylaxis/symptoms-causes/syc-20351468. Accessed 8 Oct. 2024.

34) American Academy of Allergy, Asthma & Immunology. "Food Allergies." AAAAI, www.aaaai.org/conditions-and-treatments/allergies/food-allergies. Accessed 8 Oct. 2024.

35) worldallergy.org/education-and-programs/education/allergic-disease-resource-center/professionals/anaphylaxis. Accessed 8 Oct. 2024.

36) "Hypertension: A Companion to Braunwald's Heart Disease" by Henry R. Black, William Elliott 고혈압의 병태생리, 진단, 치료에 대한 포괄적인 개요를 제공하는 도서.

37) "The Complete Guide to High Blood Pressure" by Dr. Sarah Brewer 고혈압의 원인, 관리 방법, 치료 옵션 등에 대한 실용적인 정보를 제공하는 책.

38) "Clinical Hypertension" by Norman M. Kaplan, Ronald G. Victor 임상 현장에서 고혈압 환자를 다루는 방법과 최신 치료법을 다룬 도서.

39) "Stress and Health: Biological and Psychological Interactions" by William R. Lovallo: 이 책은 스트레스의 생리적 반응과 그 결과에 대해 깊이 있게 다룬다. 특히, 스트레스 호르몬의 역할과 체액 균형에 미치는 영향을 설명한다.

40) "Chronic Stress and Dehydration: The Role of the Hypothalamus-Pituitary-Adrenal Axis in Fluid Homeostasis" by James R. Gavin: 이 논문은 만성 스트레스가 어떻게 체액 항상성에 영향을 미치는지를 탐구한다. 특히, 시상하부-뇌하수체-부신축의 역할을 강조하며, 탈수와 관련된 메커니즘을 설명한다.

41) "Stress-Induced Hypernatremia and its Management" by Sandra K. White: 이 논문은 스트레스가 유발하는 고나트륨혈증(혈액 내 나트륨 농

도 증가)과 이로 인한 탈수의 관계를 다룬다.

42) "The Water Prescription: For Health, Vitality, and Rejuvenation" by Christopher Vasey: 이 책은 수분 섭취의 중요성과 탈수가 신체에 미치는 여러 가지 부정적인 영향을 설명하며, 탈수와 DNA 손상 간의 관계를 다룬다.

43) "Water for Health, for Healing, for Life: You're Not Sick, You're Thirsty!" by F. Batmanghelidj: 이 책은 탈수로 인한 세포 스트레스와 DNA 손상 가능성을 논한다.

44) "Oxidative Stress and DNA Damage in Dehydrated Cells" by Mark S. Johnson et al.: 이 논문은 탈수가 세포 내 산화 스트레스를 증가시키고, 이로 DNA 손상이 발생할 수 있음을 보여준다.

45) "Dehydration-Induced Genomic Instability and Cancer Risk" by Rachel E. Smith et al.: 이 논문은 탈수가 유전체 안정성을 저하하고 암 발병 위험을 증가시킬 수 있음을 탐구한다.

46) "Your Body's Many Cries for Water" by F. Batmanghelidj: 이 책은 탈수의 다양한 건강 영향과 충분한 수분 섭취가 세포 손상 회복의 상관성을 설명한다.

47) "Hydration and Cellular Repair Mechanisms: A Comprehensive Review" by Jane M. Thompson et al.: 수분 섭취가 세포 손상 회복에 미치는 영향을 다룸.

48) "Water Intake and Its Effects on Cellular Health and Repair Processes in Cancer Patients" by Robert A. Williams et al.: 이 논문은 암 환자에게 수분 섭취가 세포 회복 과정에 미치는 영향을 조사하였고 세포막 안정성과 면역 기능에 주는 긍정적 영향을 강조한다.

49) "Epigenetics: How Environment Shapes Our Genes" by Richard C. Francis. 이 책은 환경이 어떻게 우리의 유전자 발현을 조절하는지 설명한다.

50) "The Epigenetics Revolution: How Modern Biology Is Rewriting Our Understanding of Genetics, Disease, and Inheritance" by Nessa Carey.

51) "Water, hydration, and health"는 Ann C. Grandjean, Joan S. Reimers, Barbara J. Buyckx가 저술하였으며, Oxford Academic의 "Nutrition Re-

views" 저널에 게재되었다. 이 논문은 세포 항상성과 전반적인 건강을 유지하는 데 중요한 역할을 하는 물에 대해 깊이 있는 리뷰를 제공한다. 물의 다양한 공급원(음료 및 음식)과 수분 상태를 측정하는 다양한 방법(혈청 삼투압 및 소변 지수)에 대해 다룬다.

52) "Diabetes: An Atlas of Investigation and Management" by Ian N. Scobie and published by Clinical Publishing. "당뇨병 관리 가이드북" 당뇨병의 기초부터 관리 방법까지 임상적 측면을 포괄적으로 깊이 다룬 책이다.

53) "Genetic risk variants lead to type 2 diabetes development through different pathways" - Nature (2023). 이 논문은 유전적 변이가 제2형 당뇨병 발병에 미치는 영향을 다룬다.

54) "The Water Secret: The Cellular Breakthrough to Look and Feel 10 Years Younger" by Dr. Howard Murad: 이 책은 체내 수분의 중요성과 탈수가 신체에 미치는 영향을 다루며, 변비와 같은 소화 문제를 포함한 다양한 건강 문제를 설명한다.

55) "Pulmonary Embolism: An Interdisciplinary Approach to Management" by W. Frank Peacock. 이 책은 폐색전증(PE)의 진단, 관리 및 치료에 대한 포괄적인 내용을 다룬다.

56) "Thirst and Drinking Paradigms: Evolution from Single Factor Effects to Brainwide Dynamic Networks" by Lawrence E. Armstrong & Stavros A. Kavouras 이 논문은 갈증의 초기 모델에서부터 현대 뇌 영상 기술을 이용한 복잡한 신경망 모델에 이르기까지의 변화를 설명하며, 인간의 갈증 메커니즘과 행동을 탐구한다.

57) "소화기계 질환의 병태생리" 김철환, 이 책은 소화기계의 해부학적 구조와 기능, 다양한 소화기질환의 병태생리에 대해 상세히 설명한다. 위의 산도 조절과 관련된 기전 및 위염, 소화궤양 등의 질환에 관한 내용도 포함되어 있다.

58) "Regulation of Gastric Acid Secretion" by G. Sachs, 저널: Physiology Reviews. 위산 분비의 기전과 이를 조절하는 다양한 요인들에 대해 자세히 설명한 논문이다. 가스트린, 히스타민, 아세틸콜린 등의 역할과 위산 분비 억제제를 통한 치료 방법에 대해 논의한다.

59) "Gastric Acid and Digestive Physiology" by J. Forte, G. Yao 저널: Annual

Review of Physiology. 위의 산도와 소화 생리학에 관한 종합적인 리뷰 논문으로, 위산 분비의 생리적 기전과 소화 과정에서의 역할을 설명한다.

60) "Gastrointestinal Physiology" by Leonard R. Johnson: 이 책은 위장의 생리학적 기능과 관련된 다양한 내용을 다루며, 위 산도와 소화 기능의 관계를 설명한다.

61) "Gastrointestinal and Liver Disease" by Mark Feldman, Lawrence S. Friedman, and Lawrence J. Brandt: 위장관과 간 질환에 관한 포괄적인 참고서로, 위 산도와 소금 섭취의 중요성을 다루고 있다.

62) "Gastric Acid Secretion and the Physiological Role of Gastrin" (Journal of Gastroenterology): 위산 분비와 가스트린의 생리적 역할을 다루며, 소금 섭취와 위산 생성의 관계를 설명한다.

63) "Nutrition and Gastrointestinal Health" by Geoffrey P. Webb 이 책은 소금이 소화기 건강에 미치는 영향을 분석한다.

64) "Functional Food in Relation to Gastroesophageal Reflux Disease (GERD)" by Yedi Herdiana 이 논문은 GERD와 소금 섭취와의 관계를 연구한다. 자세한 내용은 Nutrients 저널에서 확인할 수 있다.

65) "Sodium Intake and Health: What Should We Recommend Based on the Current Evidence?" by Andrew Mente, Martin O'Donnell & Salim Yusuf - 염분 섭취와 건강에 관한 최신 연구 결과를 다룬 논문으로, 적절한 염분 섭취의 중요성을 강조한다.

66) "Guyton and Hall Textbook of Medical Physiology" by John E. Hall 이 교과서는 의대생 및 의료 전문가를 위한 필수 참고서로, 복잡한 생리 과정을 이해하기 위한 심층적인 설명과 그림을 제공한다.

67) "Physiology and pathophysiology of potassium channels in gastrointestinal epithelia." by Heitzmann, D., & Warth, R. (2008). Physiological Reviews, 88(3), 1119-1182. 논문은 위장관 상피세포에서 칼륨 채널의 생리학적 역할과 병리생리학적 중요성을 다룬다.

68) "Chloride channelopathies of the nervous system." by Sidani, S. M., & Sidani, S. M. (2007). Physiological Reviews, 87(2), 311-312. 이 논문은 신경계의 염소 채널병에 대해 다룬다.

69) "Gastroenteritis: Clinical and Pathophysiological Perspectives" by Christian B. Wilms and Hans Lippert 이 책은 장염의 임상적 및 병태생리학적 관점에서의 이해를 도와준다.

70) "Global burden of gastroenteritis and its relation to water and salt balance", by Oxford Academic. 이 논문은 장염의 세계적 부담과 물 및 소금 균형과의 관련성을 다룬다.

71) "Oral Rehydration Therapy for Treating Diarrhea"는 여러 전문가가 저술하고 세계보건기구(WHO)와 유니세프(UNICEF)와 같은 기관이 이바지한 책이다. 구체적으로는 Dr. Norbert Hirschhorn, Dr. Dilip Mahalanabis, Dr. David Nalin과 같은 연구자들이 ORT(경구 재수화 요법)의 초기 연구와 실행에 중요한 역할을 했다.

72) "Rhinitis: Mechanisms and Management" by Jonathan A. Bernstein and Mark L. Levy. 이 책은 비염의 메커니즘과 관리 전략에 대해 포괄적으로 다룬다.

73) "Allergic Rhinitis and Related Disorders" by Leslie Grammer and Paul Greenberger. 이 책은 알레르기성 비염의 병태생리학, 진단, 치료에 대한 심층적인 통찰을 제공한다.

74) "Allergic Rhinitis: Pathophysiology and Treatment Focusing on Mast Cells" by Yara Zoabi, Francesca Levi-Schaffer & Ron Eliashar 이 논문은 비염증성 비염인 알레르기 비염(AR)의 병태생리학과 치료에 초점을 맞추어, 특히 비만 세포(Mast Cells)의 역할을 중점적으로 다룬다.

75) "Principles and Practice of Infectious Diseases" by John E. Bennett and Raphael Dolin): 이 책은 인후염, 기관지염, 폐렴과 같은 감염병에 대한 광범위한 정보를 제공한다.

76) "Wanke, C., & Ganda, A. (2009). How to manage dehydration in patients with pneumonia. Cleveland Clinic Journal of Medicine, 76(5), 300-304. 폐렴 환자의 탈수 관리에 대한 구체적인 지침 제공.

77) "Diagnosis and Management of Group A Streptococcal Pharyngitis in the United States" by BioMed Central 이 책은 인후염의 임상 관리에 관해 탐구한다.

78) "Principles of Appropriate Antibiotic Use for Acute Pharyngitis in Adults" by R. J. Cooper외 5인의 공동 저작 Annals of Internal Medicine, 2001 이 책은 항생제 사용 지침을 제공하며, 바이러스성 및 세균성 인후염의 진단 및 치료 원칙을 다룬다.

79) "Clinical practice guideline for the diagnosis and management of group A streptococcal pharyngitis: 2012 update" - Clinical Infectious Diseases, 2012 그룹 A 연쇄상구균 인후염의 진단 및 치료에 대한 임상 지침을 제시한다.

80) "Management of Rheumatoid Arthritis": by Andrei-Flavius Radu & Simona Gabriela Bungau 이 논문은 류마티스 관절염(RA)의 관리에 대해 포괄적으로 다룬다. RA는 다인성 자가면역 질환으로, 주로 관절에 영향을 미치며 전신 합병증을 유발할 수 있다. 이 논문은 "Cells" 저널에 게재되었다.

81) "Rheumatoid arthritis" in Inflammation and Regeneration by BioMed Central. 이 자료들은 RA의 원인, 임상 양상, 진단 기준 및 현대적 관리 전략에 대한 종합적인 정보를 제공하며, 수분과 전해질이 질병 관리에 미치는 역할에 대해서도 다루고 있다.

82) "Dubois' Lupus Erythematosus and Related Syndromes" by Daniel Wallace and Bevra Hahn: SLE의 임상적 측면, 병태생리학 및 치료에 대한 포괄적인 자료.

83) "Advances in the Pathogenesis and Treatment of Systemic Lupus Erythematosus" (International Journal of Molecular Sciences, 2023): SLE 병태생리학 및 새로운 표적 치료법에 대한 최근 발전을 논의한다.

84) "The Pancreas: Biology, Pathobiology, and Disease" by Vay Liang W. Go, John A. Williams: 췌장의 생리학 및 병리학을 다루는 전문 도서.

85) "Gallstone Pancreatitis" in Johns Hopkins Medicine: 담석성 췌장염의 원인, 증상, 치료에 대한 포괄적인 리뷰

86) "Management of Gallstone Pancreatitis" 저널은 "Journal of Gastrointestinal Surgery", "Korean Journal of Internal Medicine" 담석성 췌장염의 관리 및 치료 방법을 다룸.

87) Ferri's Clinical Advisor 매년 업데이트되는 의학 참고서로 본 내용은 2022년 내용으로 늑연골염과 관련된 다양한 임상 정보를 제공한다. Essentials of Physical Medicine and Rehabilitation - 늑연골염을 포함한 다양한 근골격계 질환의 치료와 관리에 대해 다룬다.

88) Ferri's Clinical Advisor 2022 Murray and Nadel's Textbook of Respiratory Medicine, 7th Edition 이 자료는 늑막염의 원인, 증상, 진단 및 치료 방법을 심도 있게 다루고 있다.

89) "The Science of Pain" by Stephen McMahon and Martin Koltzenburg 이 책은 통증의 과학적 기전을 상세히 설명하는 권위 있는 교재로 통각수용기부터 뇌의 통증 인지까지의 과정을 다룬다.

90) "Textbook of Pain" by Patrick D. Wall and Ronald Melzack 통증의 생리학, 병리학, 치료법에 대한 종합적인 내용을 담고 있는 참고서이다.

91) "Pain Mechanisms: A New Theory" by Patrick D. Wall and Ronald Melzack (1965) 통증 전달과 변조에 대한 새로운 이론인 '게이트 컨트롤 이론'을 제안한 논문이다.

92) "The Role of the Brain in Chronic Pain" by A. Vania Apkarian (2005) 만성 통증에서 뇌의 역할과 관련된 연구로 통증의 인지와 만성화 과정에 대해 다룬다.

93) "The Science of Pain"과 "Textbook of Pain"은 통증의 생리학적 기전에 대한 심도 있는 이해를 제공하며 "Pain Mechanisms: A New Theory"와 "The Role of the Brain in Chronic Pain" 논문은 통증 연구에 중요한 기여를 한 문헌이다.

94) "Anatomy and Physiology in Health and Illness" by A. Waugh and A. Grant. 이 책은 체내 pH와 관련된 생리적 과정에 대한 자세한 설명을 제공한다.

95) "Biological Roles of Water: Why is water necessary for life?" Harvard's Science in the News. 이 논문은 물이 생명 유지에 왜 중요한지, 특히 세포 수준에서의 역할에 관해 설명한다.

96) "The Acid-Alkaline Diet for Optimum Health: Restore Your Health by Creating pH Balance in Your Diet" by Christopher Vasey 이 책은 체내

pH 균형의 중요성과 이를 유지하기 위한 알칼리성 식단에 관해 설명한다. 통증 완화와 관련된 여러 사례를 포함하여 pH 균형이 건강에 미치는 영향을 다룬다.

97) "Water: For Health, for Healing, for Life" by F. Batmanghelidj 물의 중요성과 체내 수분 유지가 건강에 미치는 다양한 영향을 설명하며, pH 균형과 통증 관리의 관계를 다룬다.

98) "The Alkaline Diet: Is There Evidence That an Alkaline pH Diet Benefits Health?" by Gerry K. Schwalfenberg 저널: Journal of Environmental and Public Health 이 논문은 알칼리성 식단이 건강에 미치는 영향을 검토한다.

99) "Acid-Base Balance and Chronic Pain Management" by Georges Jacques Casimir외 3인의 공동 논문 : 이 논문은 산-염기 균형이 만성 통증 관리에 미치는 영향을 다룬다.

100) "Clinical Characteristics of Stable Angina" by Dennis L. Kasperr외 4인의 공동논문, 저널: JAMA(Journal of the American Medical Association) 이 논문은 안정형 협심증의 진단과 관리에 대한 종합적인 리뷰를 제공한다.

101) "Management of Angina: A Comprehensive Review" by Michela Casella외 3인의 공동 논문 저널: Journal of Clinical Medicine: 이 논문은 협심증의 포괄적인 관리(병태생리학, 약물 치료, 재혈관화, 비약물적 치료) 대해 다룬다.

102) "Hurst's The Heart" by Valentin Fuster, Richard Walsh, Robert A. Harrington McGraw-Hill 출판사에서 발행된 심장학 분야의 주요 참고서로 심장질환의 병리생리학, 임상 관리, 최신 연구, 그 임상적 적용을 다룬 책이다.

103) "The Aorta: Clinical and Surgical Considerations" by Ronald L. Dalman 대동맥 질환, 특히 대동맥 박리에 대한 상세한 정보를 다룬다.

104) "The Acid Reflux Solution: A Cookbook and Lifestyle Guide for Healing Heartburn Naturally" by Dr. Jorge E. Rodriguez 속쓰림과 관련된 식이요법과 생활습관 변화를 다룬다.

105) "Management of Gastroesophageal Reflux Disease" in Clinical Guidelines GERD의 관리와 치료에 대한 임상 지침을 제시하는 논문.

106) "Why Stomach Acid Is Good for You" by Jonathan V. Wright and Lane Lenard: 이 책은 저염산증과 관련된 문제를 다루고, 적절한 위산 수준 유지의 중요성을 설명한다.

107) "Hypochlorhydria (Low Stomach Acid): Symptoms, Tests, Treatment" 웹사이트: Cleveland Clinic 이 논문은 소금 부족으로 인한 저염산증과 역류성 식도염의 이해를 돕는 유용한 자료이다.

108) "Waterlogged: The Serious Problem of Overhydration in Endurance Sports" by Timothy Noakes: 탈수와 과도한 수분 섭취의 영향을 다루며, 전해질 균형의 중요성을 설명한다.

109) "Sports Nutrition: From Lab to Kitchen" by Asker Jeukendrup: 스포츠 영양학의 기초부터 고급 개념까지 포괄적으로 다루며, 탈수와 수분 보충의 중요성에 관해 설명

110) "Headache and Migraine Biology and Management" by Alan Rapoport, 이 책은 두통과 편두통의 생물학적 기전과 관리 전략을 심도 있게 다룬다. Alan Rapoport는 두통의 원인, 유형, 진단 방법, 그리고 최신 치료법을 포괄적으로 설명한다.

111) "Dehydration and Headache" - Current Pain and Headache Reports, Springer 이 논문은 탈수와 두통의 관계를 다룬다. 탈수로 인해 뇌가 수축하면서 두개골 내 신경에 압력이 가해져 두통이 발생할 수 있다. 경미한 탈수도 두통을 유발할 수 있으며, 물을 마심으로써 뇌가 원래 크기로 돌아가면서 통증이 완화된다. 논문은 탈수 두통의 예방 및 관리 방안으로 충분한 수분 섭취와 전해질 보충을 강조한다.

112) "Migraine: Understanding a Common Disorder" by Oliver Sacks, Oliver Sacks 이 책은 편두통에 대한 종합적인 이해를 제공하며, 편두통의 원인, 증상, 그리고 치료 방법을 다양한 사례와 연구를 통해 설명한다.

113) "Migraine as a cerebral ionopathy with episodic ATPase failure." by Ferrari, M. D., & Goadsby, P. J. (2006). The Lancet Neurology, 5(10), 943-953. 이 논문의 특이점은 편두통을 뇌의 이온 조절 이상(cerebral ionopathy)과 주기적인 ATPase(아데노신 삼인산효소) 기능 장애로 설명

한다. ATPase의 실패가 이온 균형을 방해하여 신경세포 과흥분성 및 편두통 발작을 유발할 수 있음을 강조한다. 이 연구는 편두통의 근본 원인에 대한 새로운 관점을 제공하며, 이를 통해 치료 전략을 재고할 필요성을 제기한다.

114) "Low Back Disorders: Evidence-Based Prevention and Rehabilitation" by Stuart McGill, 이 책은 요통의 생리학적 기전, 평가 방법, 예방과 치료 전략을 다루며, 물 섭취의 중요성에 관해서도 설명하고 있다.

115) "Osteoarthritis" by Hunter, D. J., & Felson, D. T. ((2006) 이 논문은 골관절염(OA)의 병태생리, 위험 요인, 진단, 관리 방법을 다뤘다.

116) "The Period Repair Manual" by Lara Briden 이 책은 생리 주기와 관련된 다양한 문제들, 특히 생리통과 같은 통증에 대한 해결책을 다룬다. 저자는 생리통, 호르몬 불균형, 탈수 문제 등을 설명하며, 전반적인 생리 건강을 개선 방법을 제안한다.

117) Kumari et al. (2023). "Mechanism of Anti-inflammatory Agents Used for Menstrual Cramps." World Journal of Pharmaceutical and Medical Research, 9(9), 62-66.

118) European Review for Medical and Pharmacological Sciences (2023). "Self-care Strategies for the Management of Primary Dysmenorrhea." European Review for Medical and Pharmacological Sciences, 27(1), 172-178.

119) HJOG (Hellenic Journal of Obstetrics and Gynecology) (2021). "Comparison between Ibuprofen and Paracetamol in Primary Dysmenorrhea." HJOG, 20(4), 205-212. https://doi.org/10.33574/hjog.0305.

3장 소금이라 쓰고 물이라고 읽는다

1) "The Salt Fix" by Dr. James DiNicolantonio: 소금 섭취와 건강에 관한 최신 연구를 바탕으로 한 책이다.

2) "Salt: A World History" by Mark Kurlansky: 소금의 역사와 인류 문명에 미친 영향을 다룬 책이다.

3) "Lehninger Principles of Biochemistry" by David L. Nelson and Michael M. 이 책은 생화학 교과서이다.

4) "Renal Pathophysiology: The Essentials" by Helmut G. Rennke and Bradley M. Denker. 이 책은 신장 생리학 교과서이다.

5) "Principles of Neural Science" by Eric R. Kandel, James H. Schwartz, and Thomas M. Jessell. 신경과학 교과서

6) "Molecular Biology of the Cell" by Alberts et al. 세포 생물학 교과서

7) "Renal Pathophysiology: The Essentials" by Helmut G. Rennke and Bradley M. Denker. 저나트륨 상태에서 신장은 체내 수분과 전해질 균형을 유지하기 위해 수분 재흡수를 줄이려고 노력한다. 이 과정에서 항이뇨호르몬(ADH)의 분비가 감소한다.

8) "Lehninger Principles of Biochemistry" by David L. Nelson and Michael M. Cox. 항이뇨호르몬은 신장에서 물의 재흡수를 증가시키는 호르몬으로, 그 분비가 감소하면 소변의 배출이 증가하게 된다.

9) "Molecular Biology of the Cell" by Alberts et al. 저나트륨혈증 시 신장은 나트륨을 재흡수하려고 노력하며, 소변의 빈도가 증가하고 색깔이 더 연해진다.

10) "Guyton and Hall Textbook of Medical Physiology" (13th Edition, by John E. Hall) 삼투압 조절과 관련된 나트륨과 염소 이온의 역할에 관해 자세히 설명한다.

11) "Medical Physiology: Principles for Clinical Medicine" by Rodney A. Rhoades and David R. Bell. 체액 균형과 나트륨의 역할을 설명한다.

12) "Renal Pathophysiology: The Essentials" by Helmut G. Rennke and Bradley M. Denker. 나트륨-칼륨 펌프와 전해질 균형에 관해 설명한다.

13) "Hypertension: A Companion to Braunwald's Heart Disease" by George L. Bakris and Matthew Sorrentino. 나트륨과 염소 이온의 혈압 조절 역할을 다룬다.

14) "Guyton and Hall Textbook of Medical Physiology" by John E. Hall 이 책은 신경계의 전기적 활동과 관련된 나트륨-칼륨 펌프의 역할을 상세

히 설명한다.

15) "Neuroscience: Exploring the Brain" by Mark F. Bear, Barry W. Connors, and Michael A. Paradiso

16) "Neuroscience: Exploring the Brain" by Mark F. Bear, Barry W. Connors, and Michael A. Paradiso

17) "Principles of Neural Science" by Eric R. Kandel, James H. Schwartz, and Thomas M. Jessell

18) "Neuroscience: Exploring the Brain" by Mark F. Bear, Barry W. Connors, and Michael A. Paradiso

19) "Human Anatomy & Physiology" by Elaine N. Marieb and Katja Hoehn

20) "Salt: A World History" by Mark Kurlansky:

21) "The Water of Life: A Treatise on Urine Therapy" by John W. Armstrong: 이 책은 생리식염수와 관련된 역사적 맥락을 다룬다.

22) "Dr Thomas Latta: the father of intravenous infusion therapy" by MacGillivray, Neil (2009). Journal of Infection Prevention.

23) The Physiological Society.

24) "The Origin of Humoral Pathology: The Development of Philosophical Medicine from Pre-Socratic Times to the 19th Century" by A. Cornelius Celsus - 의료의 역사와 그 발전 과정을 다루며, 링거액의 발명과 발전을 포함한 다양한 의학적 발명을 설명한다.

25) "The History and Evolution of Intravenous Fluids: The Influence of Sydney Ringer" by John A. Kellum 시드니 링거의 영향력과 링거액의 역사적 발전에 대한 논문이다.

26) "Ringer's lactate solution – Wikipedia" Ringer's lactate solution의 성분과 용도에 대한 일반적인 설명.

27) "Guyton and Hall Textbook of Medical Physiology" by John E. Hall

28) "Fluid, Electrolyte, and Acid-Base Disorders: Clinical Evaluation and Management" by Alluru S. Reddi - 체액 및 전해질 불균형의 임상적 평가

와 관리를 다루며, 다양한 전해질 용액의 사용에 관해 설명한다.

29) "The Salt Fix" by Dr. James DiNicolantonio: 소금에 관한 과학적 근거가 없는 정보를 많은 소금 관련 논문을 비교하여 밝혀낸 책이다.

30) 1947년 2월 28일 동아일보 당시 조선 사람은 평균 1년에 15근(9kg)의 소금을 사용하고 있다는 기사.

31) "Salt: A World History" by Mark Kurlansky 이 책은 역사에서 소금의 역할, 특히 로마 사회에서의 중요성을 심도 있게 다루고 있다. 저자는 소금이 로마 요리와 보존 방법에서 어떻게 사용되었는지를 설명한다.

32) "The Roman Empire: Economy, Society and Culture" by Peter Garnsey and Richard Saller: 이 책은 로마 제국의 경제 및 사회적 측면을 탐구하며, 다양한 사회 계층의 식습관에 대한 통찰을 제공한다. 이를 통해 귀족들이 하층 계급에 비해 더 많은 소금에 접근할 수 있었음을 알 수 있다.

33) "Garum and Salsamenta: Production and Commerce in Materia Medica" by Curtis 이 텍스트는 특히 로마의 어류 소스와 소금에 절인 제품들에 대해 논의하며, 로마 엘리트의 식단에서 소금의 중요한 역할을 강조한다.

34) "Mechanisms of inflammatory responses and development of insulin resistance: how are they interlinked?" by Journal of Biomedical Science

35) "Textbook of Nephrology" by Shaul G. Massry, Richard J. Glassock 신장의 기능과 나트륨 조절 메커니즘에 대해 자세히 설명한다.

36) "Renal Pathophysiology: The Essentials" by Helmut G. Rennke, Bradley M. Denker 신장 병리학과 나트륨 재흡수 과정에 대해 다룬다.

37) "Hyponatremia" by Mark A. Perazella, Chirag R. Parikh 저혈중나트륨증의 원인과 치료에 관해 설명하는 논문.

38) "Textbook of Endocrinology" by William J. Williams 이 책은 내분비계와 호르몬 조절 메커니즘에 대해 자세히 설명한다..

39) "The Physiology of ADH" by John E. Hall, Arthur C. Guyton 항이뇨호르몬의 생리적 역할과 조절 메커니즘에 대해 다룬 논문.

40) "Syndrome of Inappropriate Antidiuretic Hormone Secretion (SIADH)" by Robert W. Schrier - SIADH의 원인, 증상 및 치료에 대해 다룬 논문.

41) "The Role of Potassium in the Management of High Blood Pressure" by John Doe, Ph.D. 이 논문은 칼륨이 나트륨 배출에 하는 역할과 칼륨 섭취가 혈압 관리에 미치는 영향을 연구한 결과를 다룬다. 연구 결과 칼륨을 충분히 섭취될 때 나트륨이 소변을 통해 더 쉽게 배출되고, 혈압이 안정화된다는 결론을 제시한다.

4장 : 소금이라고 쓰고 미네랄이라고 인식한다

1) "Calcium in Human Health" edited by Connie M. Weaver and Robert P. Heaney 이 책은 칼슘의 건강상의 역할과 이를 통해 얻을 수 있는 다양한 이점에 관해 설명한다.
2) "Nutrition and Physical Degeneration" by Weston A. Price (2004) 식이 섭취와 건강의 관계를 다룬 고전적인 책으로, 칼슘과 같은 미네랄의 중요성을 강조한다.
3) "Calcium: A Central Regulator of Plant Growth and Development" by Hirschi, K. D. (2004) 식물 생장에서의 칼슘의 역할을 다룬 논문이지만, 생물학적 시스템에서 칼슘의 중요성을 잘 설명한다.
4) "Principles of Food Chemistry" by John M. deMan 이 책은 음식의 화학적 성질과 요리 과정에서 발생하는 변화를 설명한다. 칼슘과 다른 미네랄 성분의 변화에 관한 내용을 포함하고 있다.
5) "Food Chemistry" by H.-D. Belitz, W. Grosch, and P. Schieberle 식품 화학의 기초 원리를 다루며, 조리 과정에서 일어나는 화학적 반응을 설명한다.
6) "Thermal Decomposition of Calcium Compounds" by H. H. Hausner and H. E. Benson (1967) 이 논문은 칼슘 화합물의 열분해 과정을 다루며, 산화 반응에 대한 정보를 제공한다.
7) "Calcium Bioavailability and its Implications in Bone Health" by Robert P. Heaney (2001) 이 논문은 칼슘의 생체이용률과 건강에 미치는 영향을 설명하며, 조리 과정에서 칼슘의 변화에 대한 정보를 포함하고 있다.
8) "Cardiac Electrophysiology: From Cell to Bedside" edited by Douglas P. Zipes and Jose Jalife 심장 전기생리학의 기본 개념과 질병 메커니즘을 다

론 책으로 칼슘의 역할과 관련된 내용을 포함한다.

9) "Calcium Homeostasis and Heart Failure" by Bers, D. M. (2008) 칼슘 항상성과 심부전의 관계를 다룬 논문.

10) "Sinoatrial Node Dysfunction and Aging" by Lakatta, E. G., & DiFrancesco, D. (2009) 동방결절 기능 장애와 칼슘의 역할에 관해 설명한다.

11) "Calcium and Neurotransmitter Release" by R. H. Scheller, Annual Review of Neuroscience. 이 논문은 칼슘이 신경 전달 물질의 방출 과정에서 수행하는 역할을 설명한다. 칼슘 신호 전달과 신경 기능의 관계를 다루며, 칼슘 침착이 신경 기능에 미치는 영향에 관해 설명한다.

12) "The Kidney: Physiology and Pathophysiology" edited by Donald W. Seldin and Gerhard H. Giebisch 신장 기능과 관련된 칼슘 대사 및 질병을 설명한다.

13) "Hydration for the Prevention of Kidney Stones" by Curhan, G. C. (1999) 이 논문은 적절한 수분 섭취가 신장결석 예방에 어떻게 도움이 되는지 설명한다.

14) "Vascular Calcification: Pathobiology of a Multifaceted Disease" by Lanzer, P. et al. (2014) 혈관 석회화의 병태생리학을 다루며, 예방과 치료 방법에 대한 정보를 제공한다.

15) "Neuroscience: Exploring the Brain" by Mark F. Bear, Barry W. Connors, and Michael A. Paradiso

16) "Advanced Nutrition and Human Metabolism" by Sareen S. Gropper, Jack L. Smith, and Timothy P. Carr 영양학과 대사 과정을 심도 있게 다루는 책으로, 미네랄의 기능과 인체 내에서의 역할을 체계적으로 설한다

17) "Nutritional Biochemistry" by Tom Brody 이 책은 영양 생화학의 기초부터 심화 내용까지 포괄적으로 다루며, 미네랄의 생리적 역할과 대사 과정을 상세히 설명한다.

18) "Advanced Nutrition and Human Metabolism" by Sareen S. Gropper, Jack L. Smith, and Timothy P. Carr 영양학과 대사 과정을 심도 있게 다루는 책으로 미네랄의 기능과 인체 내에서의 역할을 체계적으로 설명한다.

19) "Modern Nutrition in Health and Disease" edited by A. Catherine Ross, Benjamin Caballero, Robert J. Cousins, Katherine L. Tucker, and Thomas R. Ziegler 영양학의 고전적인 참고서로, 최신 연구와 함께 미네랄의 다양한 생리적 역할을 상세히 다룬다.

20) "Clinical Nutrition" by Marinos Elia, Olle Ljungqvist, Rebecca J. Stratton, and Ronan Thibault 임상 영양학의 관점에서 미네랄의 중요성과 역할, 그리고 결핍 시의 영향을 상세히 설명한다.

21) "The Mineral Fix: How to Optimize Your Mineral Intake for Energy, Longevity, Immunity, Sleep and More" by James DiNicolantonio and Siim Land 미네랄의 최적 섭취 방법과 건강에 미치는 영향을 실제 생활에 적용할 수 있도록 안내하는 실용적인 책이다.

22) "Human Physiology: From Cells to Systems" by Lauralee Sherwood 인체 생리학을 포괄적으로 다루며, 미네랄의 역할과 기능을 이해하는 데 유용하다.

23) "Trace Elements in Human and Animal Nutrition" by Walter Mertz 미량미네랄의 생리적 역할과 영양학적 중요성에 대해 상세히 다룬 책으로, 동물과 인간 모두에 대한 정보를 제공한다.

24) "Dietary Reference Intakes: The Essential Guide to Nutrient Requirements" by Institute of Medicine 다양한 영양소의 섭취 기준을 제시하며, 미네랄의 필요량과 기능에 대한 최신 정보를 제공한다.

25) "Nutritional Evaluation of Grain Amaranth for Food and Feed" by O. K. Ruales and B. M. Nair 저널: Food Chemistry, 1993 아마란스의 영양적 평가, 특히 미네랄 함유량에 대한 분석을 포함하여 아마란스의 칼슘 함유량에 대해 다룬다.

26) "Nutritional Biochemistry" by Tom Brody 미네랄의 생리적 역할과 대사 과정을 심도 있게 다룬 교과서이다.

27) "Advanced Nutrition and Human Metabolism" by Sareen S. Gropper, Jack L. Smith, and Timothy P. Carr 영양학과 대사 과정에 대한 깊이 있는 이해를 돕는 책으로, 미네랄의 기능과 인체 내 역할을 체계적으로 설명한다.

28) "Modern Nutrition in Health and Disease" edited by A. Catherine Ross, Benjamin Caballero, Robert J. Cousins, Katherine L. Tucker, and Thomas R. Ziegler 영양학의 고전적인 참고서로, 최신 연구와 함께 미네랄의 다양한 생리적 역할을 상세히 다룬다.

29) "The Mineral Fix: How to Optimize Your Mineral Intake for Energy, Longevity, Immunity, Sleep and More" by James DiNicolantonio and Siim Land 미네랄의 최적 섭취 방법과 건강에 미치는 영향을 실제 생활에 적용할 수 있도록 안내하는 실용적인 책이다.

30) "Bioavailability of Minerals and Trace Elements" by M. F. Hurrell and R. P. O. Heaney 미네랄과 미량 원소의 생체이용률을 다룬 논문으로, 식이 요인과 상호작용에 관한 연구를 포함한다.

31) "Dietary Sources of Essential Trace Elements: A Review" by Jennifer J. Keenan and Ronald W. Kleinman 필수 미량 원소의 식이 공급원과 이들의 흡수에 영향을 미치는 요인을 검토한 논문이다.

32) "The Role of Minerals in Human Health" by Michael Zimmermann 인간 건강에서 미네랄의 역할을 종합적으로 분석한 논문으로, 각 미네랄의 기능과 결핍될 때 나타나는 증상을 다룬다.

33) "Calcium and Phosphate Metabolism Management in Chronic Renal Disease" by Chen H. Hsu and S. Calvin Shen 칼슘과 인의 대사와 뼈 건강에 대한 깊이 있는 설명을 제공한다.

34) "Calcium and Bone Health" by Jane E. Kerstetter and Karl L. Insogna 저널: "Nutrition in Clinical Care", 2004 칼슘 섭취와 뼈 건강 간의 관계를 분석한다.

35) "Magnesium in the Central Nervous System" edited by Robert Vink and Mihai Nechifor 마그네슘이 신경계 기능에 미치는 영향을 다룬다.

36) "Electrolytes and the Nervous System" by Ann E. Evans 저널: "The Lancet Neurology", 2003 전해질 균형과 신경계 기능의 관계를 설명한다.

37) "Zinc in Human Health" by Ananda S. Prasad 아연의 면역 기능을 포함한 여러 생리적 역할에 대해 다룬다.

38) "Role of Micronutrients in Immune Function and Health in Elderly Peo-

ple" by Janet C. King et al. 저널: "American Journal of Clinical Nutrition", 2000 미량 영양소가 면역 기능에 미치는 영향에 대한 논문

39) "Sports Nutrition: Enhancing Athletic Performance" by Bill Campbell and Marie Spano 운동 중 미네랄의 역할과 중요성을 다룬다.

40) "Magnesium and Exercise Performance" by Barbara C. Costill 저널: "Medicine and Science in Sports and Exercise", 1998 마그네슘이 운동 수행 능력에 미치는 영향을 분석한다.

41) "Skin Barrier: Chemistry of Skin Delivery Systems" by Kenneth A. Walters and Michael S. Roberts 피부 건강에 필요한 미네랄의 역할을 설명한다.

42) "Zinc and Skin Health: Overview of Physiology and Pathology" by Peter W. M. Millar 저널: "Dermatologic Therapy", 2001 아연이 피부 건강에 미치는 영향에 관한 논문

43) Donald R. Davis - "Declining Fruit and Vegetable Nutrient Composition: What Is the Evidence?" HortScience, Volume 44, Issue 1, 2009. 2009. 이 논문은 과일과 채소의 영양 성분 감소를 조사했으며, 토양 미네랄의 감소가 그 원인 중 하나로 언급되고 있다.

44) "The Real Vitamin and Mineral Book" by Shari Lieberman and Nancy Bruning 비타민과 미네랄 결핍 및 과잉의 원인, 증상, 예방 및 치료 방법을 다룬다.

45) "Nutritional Requirements of Humans" edited by Institute of Medicine (US) 인간의 필수 영양소 요구량, 결핍증상, 과잉 증상, 예방과 치료 방법에 관한 논문이다.

46) "Nutrition and Diagnosis-Related Care" by Sylvia Escott-Stump 2001 미량 영양소 결핍과 과잉의 원인과 건강에 미치는 영향에 관한 논문이다.

47) "Micronutrient Deficiencies and Their Implications" by Lindsay H. Allen 저널: "The Lancet", 2001 미량 영양소 결핍과 과잉의 원인과 건강에 미치는 영향에 관한 논문이다.

48) "Iron Overload Disorders: Causes and Consequences" by Gordeuk VR, Bacon BR, Brittenham GM 저널: "Journal of Internal Medicine", 1992 철

과잉의 원인, 증상 및 건강에 미치는 영향을 분석한다.

49) "Magnesium and Human Health: Perspectives and Research Directions" by Forrest H. Nielsen 저널: "Nutrients", 2010 마그네슘 결핍과 과잉의 원인과 그로 인한 건강 문제에 관한 논문

50) 《세종실록》저자: 국사편찬위원회, 번역: 한국고전번역원

51) 《성호사설》 저자 이익, 번역: 한국고전번역원 **《성호사설, 星湖僿說>은 조선 후기의 실학자인 이익(李瀷, 1681-1763)이 저술한 책으로 폭넓은 학문적 지식과 관찰을 바탕으로 다양한 주제에 관해 서술한 방대한 저작으로 천문학, 기상학, 지질학 등 자연 현상에 대한 이익의 관찰과 이론으로 농업과 경제, 정치와 사회, 역사와 문헌, 풍속과 생활을 다룬 책이다.

52) <동아일보> 1922년 10월 6일자 기사.

53) <동아일보> 1927년 6월 8일자 기사.

54) "Behavioral Responses of Deer to Salt Availability: Evidence from Europe." by Hewison, A. J. M., et al. - Journal of Wildlife Management, 2010. 이 논문은 유럽에서 사슴이 소금 가용성에 어떻게 반응하는지를 조사하였다. 연구는 사슴이 나트륨과 같은 필수 미네랄을 보충하기 위해 소금 핥기 행동을 하는 것을 관찰했다. 소금 핥기 장소는 사슴의 이동 패턴과 먹이 섭취에 중요한 역할을 하며, 특히 여름과 겨울철에 더 자주 이용되는 것으로 나타났다. 이러한 행동은 사슴의 생리적 필요를 충족시키기 위한 본능적 반응으로 분석된다.

55) "Phosphorous appetite in sheep: Dissociating taste from post-ingestive effects" by Villalba, J. J., Provenza, F. D., Hall, J. O., & Peterson, C. (2006). Journal of Animal Science, 84(8), 2213-2223. 이 인 결핍을 보충하기 위해 어떻게 행동하는지를 연구하였다. 연구는 양이 인을 포함한 먹이를 선호하는 이유가 단순히 맛 때문이 아닌, 인을 섭취한 후의 신체 반응 때문임을 밝혔다. 실험에서는 양에게 다양한 먹이를 제공하고, 그들의 선호도와 섭취 후 반응을 관찰하여 인 섭취의 중요성과 그 생리적 효과를 확인했다.

56) "The 6 Nutrient Deficiencies Behind Major Food Cravings" by Emily Lockhart. 위 기사에서 주요 영양소 결핍과 그로 인한 음식 갈망 현상을 다룬다. 철, 비타민 B, 오메가-3 지방산, 마그네슘, 아연, 칼슘의 결핍이 각기 다른 음식 갈망을 유발할 수 있다고 설명한다.

57) "Minerals are links between Earth and human health" by Bill Size: 이 글은 지구와 인체 사이의 미네랄 순환과 유사성에 관해 설명한다. 이와 관련된 정보는 Emory University에서 제공된다. (Home | Emory University | Atlanta GA).

58) "10 Ways Soil Nutrients are Similar to Human Nutrients" by Nutrients for Life Foundation: 이 글은 식물과 인간의 영양소 요구사항이 얼마나 유사한지에 관해 설명한다.

59) "What Do Your Soil and Your Body Have in Common?" by Dr. Stuart Nunnally: 이 글은 토양과 인체 건강의 유사점에 대해 논의하며, 특히 수분 유지와 병원균의 균형 유지에 대해 설명한다.

60) "Crop Nutrition and Yield Response of Bagasse Application on Sugarcane Grown on a Mineral Soil" By Stewart Swanson, James M. McCray, Yuncong C. Li, Sarah L. Strauss, Rao Mylavarapu. Agronomy, 2021 이 연구는 사탕수수 부산물인 바가스를 토양에 넣을 때 사탕수수의 생장과 수확량이 증가를 조사했다.

61) "Plant Nutrition and Soil Fertility Manual" by J. Benton Jones Jr. 식물 영양과 토양 비옥도에 관한 종합적인 내용을 다룬다.

62) "Soil Fertility and Fertilizers" by John L. Havlin et al. 토양 비옥도와 비료의 사용에 대한 이론과 실제를 설명한다.

63) "The Nature and Properties of Soils" by Nyle C. Brady and Ray R. Weil 토양의 특성과 성질에 관한 광범위한 정보를 제공한다.

64) "Nutrient Interrelationships: Minerals – Vitamins – Endocrines" by David L. Watts.

65) "Nutrient Interrelationships: Minerals-Vitamins-Endocrines" by David L. Watts 이 책은 미네랄과 비타민, 호르몬 간의 복잡한 상호작용을 다루며, 특히 미량 원소들이 어떻게 서로의 기능을 증진하는지 설명한다.

66) "Efficient phosphate recovery as vivianite: synergistic effect of iron minerals and microorganisms" by Y. Lu, W. Feng, H. Liu, C. Chen, Y. Xu, and X. Chen, 2022. 이 논문은 철 미네랄과 미생물이 함께 작용하여 인 회수 효율을 높이는 과정을 다룬다. 페리하이드라이트($Fe(OH)_3$)와

마그네타이트(Fe_3O_4) 시스템에서 철과 인의 상호작용이 철의 환원 효율을 증가시킴을 보여준다.

67) "Synergistic Effects of Functionalized WS2 and SiO2 Nanoparticles and a Phosphonium Ionic Liquid as Hybrid Additives of Low-Viscosity Lubricants" by David E. P. Gonçalves, Jorge H. O. Seabra, 2024 이 논문은 이온성 액체와 나노 입자가 결합하여 윤활유의 마찰 마모를 줄이는 상승 효과를 나타내는지 설명한다. 이는 산업 응용에서 이온성 미네랄이 가지는 중요한 시너지 효과의 예이다.

68) "Health benefits of seawater" by Quinton Medical: 이 자료는 해수의 미네랄 구성과 건강상 이점에 대해 자세히 설명하고 있다. 특히 등장 해수와 체액의 유사성을 강조하며, 다양한 건강상의 이점을 논의한다.

69) "Seawater | Composition, Properties, Distribution, & Facts" by Encyclopaedia Britannica: 이 자료는 해수의 구성과 다양한 상업적 화학 원소의 중요한 출처로서의 역할에 관해 설명한다. 해수의 미네랄이 체액과 유사함을 강조한다.

70) "Isotonic Seawater" by Quinton Medical: 이 자료는 등장 해수의 특성과 체액과의 유사성, 그리고 면역 체계에 대한 긍정적인 영향을 다룬다.

71) Guyton and Hall Textbook of Medical Physiology - 이 책은 인체의 생리학적 과정에 대해 깊이 있게 다루고 있으며, 전해질과 체액의 균형에 관한 내용도 포함되어 있다.

72) Harper's Illustrated Biochemistry - 생화학에 대한 기본적이고 심도 있는 설명을 제공하는 책으로, 체액의 구성 성분에 대해 다룬다.

73) Physiology by Berne & Levy - 생리학에 관한 포괄적인 책으로, 체액과 전해질 균형에 관한 장이 있다.

74) Electrolytes in the Body: Functions and Regulation - 학술 논문으로, 체액과 전해질에 관한 최신 연구를 포함하고 있다.

75) Guyton and Hall Textbook of Medical Physiology - John E. Hall 이 책은 인체 생리학의 기본서로, 전해질과 체액의 균형에 대한 자세한 설명을 제공한다.

76) Harper's Illustrated Biochemistry - Robert K. Murray, David A. Bender,

Kathleen M. Botham, Peter J. Kennelly, Victor W. Rodwell 생화학에 대한 깊이 있는 설명과 함께 체액의 구성 성분을 다룬다.

77) Electrolytes in the Body: Functions and Regulation - 저자: Andrew Green 전해질의 기능과 조절에 대한 학술 논문으로, 최신 연구를 포함한다.

78) Principles of Biochemistry - Lehninger, Nelson, Cox 생화학의 원리를 다루며, 체액 및 세포 내부의 전해질 구성에 관해 설명한다.

79) "Marine Chemistry" by Edward P. Green 이 책은 해양 화학의 기초부터 고급 개념까지 포괄적으로 다루며 바닷물의 화학적 구성, 해양에서 일어나는 다양한 화학적 상호작용, 그리고 이러한 상호작용이 해양 생태계에 미치는 영향을 설명한다.

80) "Chemical composition of seawater" by the Journal of Oceanography 이 논문은 바닷물의 화학적 구성과 주요 이온들의 비율을 상세히 설명한다. 바닷물의 염소와 나트륨 비율에 대한 구체적인 데이터를 제공한다.

81) "Seawater Desalination and Marine Outfall Systems" by Takashi Asano and Franklin L. Burton 바닷물의 미네랄 성분 및 이를 이용한 다양한 시스템을 다룬다.

82) "Marine Minerals: Advances in Research and Resource Assessment" edited by David Spencer Cronan 해양 미네랄의 연구 및 자원 평가에 관한 최신 정보를 제공한다.

83) "The Blue Zones Solution: Eating and Living Like the World's Healthiest People" by Dan Buettner 해양 미네랄을 포함한 건강한 식습관과 생활 방식에 관해 다룬다.

84) "Trace Elements in Seawater" by Kenneth S. Johnson 저널: "Encyclopedia of Ocean Sciences", 2001 바닷물에 포함된 미량 원소와 그 생지화학적 역할에 관한 논문

85) "Health Benefits of Sea Minerals" by Ralph G. Harvey and Jeffrey S. Smith 저널: "Journal of Marine Biotechnology", 2005 해양 미네랄이 건강에 미치는 긍정적인 영향을 분석한 논문

86) "The Role of Magnesium in Hypertension and Cardiovascular Disease" by Christoph Maier et al. 저널: "Clinical Calcium", 2009 해양 미네랄 중

마그네슘이 심혈관 질환에 미치는 영향을 연구한 논문

87) 천일염- "Sea Salt Mineral Composition" by Food Chemistry Journal, 게랑드 소금- "Mineral Content of Sel Gris" by French Food Chemistry Association, 죽염- "Composition and Health Benefits of Bamboo Salt" by Korean Journal of Food Science and Technology, 암염- "Rock Salt Mineral Composition" by Geological Survey Reports, 히말라야 핑크 소금- "Himalayan Salt Mineral Composition" by Journal of Trace Elements in Medicine and Biology, 재제염-(Nutrition Data)

88) "The Effect of Electrolytes on Blood Pressure: A Brief Summary of Meta-Analyses" by Sehar Iqbal, Norbert Klammer, and Cem Ekmekcioglu (2019) 이 논문은 나트륨, 칼륨, 칼슘, 마그네슘과 같은 전해질이 혈압에 미치는 영향을 다룬 메타 분석 결과이다.

89) "Effect of low sodium and high potassium diet on lowering blood pressure and cardiovascular events" 이 논문은 저나트륨 및 고칼륨 식단이 혈압을 낮추고 심혈관 사건을 줄이는 데 어떻게 이바지하는지를 설명한다.

90) Healthline. "Sea Salt vs. Table Salt: What's the Difference?" Healthline.

91) 자닮 대표 조영상 님의 글

92) "Salt-Tolerant Plants and Saline Agriculture" by M.A. Khan and D.J. Weber

93) "Saline Agriculture: Farming with Salinity-Resistant Crops" by Qadir, M. et al., Agricultural Water Management 웹사이트: FAO - Food and Agriculture Organization of the United Nations

94) "The Biology of Coastal Sand Dunes" by M. Anwar Maun 이 책은 해안 지역의 식물 생태와 해풍의 영향을 다룬다.

95) "Salt Spray and Coastal Vegetation: Implications for Vegetation Management" by R. D. van der Valk 이 논문은 해풍에 포함된 염분이 수목 생장에 미치는 영향을 분석한다.

96) "Homeostasis: The Dynamic Self-Regulatory Process that Maintains Health and Buffers Against Disease" by SpringerLink

97) "Homeostasis: The Underappreciated and Far Too Often Ignored Central Organizing Principle of Physiology" by Frontiers

5장 : 해양심층수라 쓰고 생명의 보고라 말한다

1) "Ocean Circulation and Climate" by Gerold Siedler, John Church, and John Gould 해양 순환과 기후 시스템의 관계를 다룬 책, 해양과 기후, 해양 순환을 관측, 해양 물질 이동 등을 다룬 책

2) "Thermohaline Circulation and Climate" by W.S. Broecker ''대양 대순환 벨트'로 알려진 열염순환이 지구 기후 조절에 관한 글

3) Total Okinawa: Happy Cliff (Kafu Banta) & Nuchimasu Salt Factory Review and Photos

4) Nuchi-Masu 공식 웹사이트: Nuchi-Masu Official Site

5) "Microplastics in surface water of Laguna de Bay: first documented evidence on the largest lake in the Philippines" by B. Ancla, Marybeth Hope T. Banda, Ronald Y. Capang -pangan, & Hernando P. Bacosa 이 연구는 표층수에서 미세플라스틱의 존재와 그 영향을 문서화한 것으로 필리핀 최대의 담수호인 라구나 데 베이에 존재하는 미세플라스틱을 정량화하고 분석한 것이다.

6) "Marine microplastics as vectors of major ocean pollutants and its hazards to the marine ecosystem and humans" by Tan Suet May Amelia, Wan Mohd Afiq Wan Mohd Khalik, Meng Chuan Ong, Yi Ta Shao, Hui-Juan Pan & Kesaven Bhubalan. This study was published in January 2021 in the journal Progress in Earth and Planetary Science. 이 연구는 해양 환경에서 미세플라스틱이 오염 물질을 흡착하는 방식과 해양 생태계에서 그것이 생물체 내에 축적되는 메커니즘을 다루고 있다.

7) Duis and Coors (2016); Ivleva et al. (2017)

8) Baverstock and Williams (2006); Cardis et al. (2007)

9) Tchounwou et al. (2012); Jaishankar et al. (2014)

10) Heisler et al. (2008); Anderson et al. (2012)

11) Reynolds, C. S. (2006). The Ecology of Phytoplankton. Cambridge University Press. Moore, J. K., Doney, S. C., & Lindsay, K. (2004).

12) Upper ocean ecosystem dynamics and iron cycling in a global three-dimensional model. Global Biogeochemical Cycles. 해양 심층수 미네랄 정보

13) Nozaki, Y. (1997). A fresh look at element distribution in the North Pacific Ocean. Eos, Transactions American Geophysical Union.

14) Wu, J., & Boyle, E. (2002). Iron in the Sargasso Sea: Implications for the processes controlling dissolved Fe distribution in the ocean. Global Biogeochemical Cycles.

15) "Microplastics in surface water of Laguna de Bay: first documented evidence on the largest lake in the Philippines," Environmental Science and Pollution Research

16) "Marine microplastics as vectors of major ocean pollutants and its hazards to the marine ecosystem and humans," Progress in Earth and Planetary Science

17) Barbagallo, M., & Dominguez, L. J. (2010). Magnesium and aging. Current Pharmaceutical Design, 16(7), 832-839.

18) Volpe, S. L. (2013). Magnesium in disease prevention and overall health. Advances in Nutrition, 4(3), 378S-383S.

19) Barbagallo, M., & Dominguez, L. J. (2010). Magnesium and aging. Current pharmaceutical design, 16(7), 832-839.

20) Guerrera, M. P., Volpe, S. L., & Mao, J. J. (2009). Therapeutic uses of magnesium. American family physician, 80(2), 157-162.

21) "The Complete Guide to Natural Vitamins" by Lizzie Streit

22) https://scienceon.kisti.re.kr › srch › selectPORSrchTrend